U0366584

《梅花井煤矿2021年百项成果集》编委会

主　　编：　蒙鹏科

副 主 编：　张杰文　秦开银

编辑委员：　刘怀江　蒋　栋　李浪平　冯自宇　何学源　纳　峰

　　　　　　马　骥　岳许辉　姚　荣　田彦荣　黄海鹏

梅花井煤矿2021年百项成果集

蒙鹏科◎主　编

张杰文　秦开银◎副主编

黄河出版传媒集团
阳光出版社

图书在版编目（CIP）数据

梅花井煤矿2021年百项成果集 / 蒙鹏科主编；张杰文副主编. -- 银川：阳光出版社，2022.9
ISBN 978-7-5525-6507-2

Ⅰ.①梅… Ⅱ.①蒙… ②张… Ⅲ.①煤矿 – 科技成果 – 汇编 – 中国 Ⅳ.①TD82

中国版本图书馆CIP数据核字(2022)第185097号

梅花井煤矿2021年百项成果集　　　　蒙鹏科 主编　　张杰文 秦开银 副主编

责任编辑　马　晖
封面设计　蔡丽静
责任印制　岳建宁

 黄河出版传媒集团　阳　光　出　版　社　出版发行

出 版 人　薛文斌
地　　址　宁夏银川市北京东路139号出版大厦（750001）
网　　址　http://www.ygchbs.com
网上书店　http://shop129132959.taobao.com
电子信箱　yangguangchubanshe@ 163.com
邮购电话　0951-5014139
经　　销　全国新华书店
印刷装订　宁夏卓创源彩色印务有限公司
印刷委托书号　（宁）0024641

开　　本　787mm×1092mm　1/16
印　　张　15
字　　数　200千字
版　　次　2022年9月第1版
印　　次　2022年9月第1次印刷
书　　号　ISBN 978-7-5525-6507-2
定　　价　48.00元

版权所有　翻印必究

以科技之光逐梦星辰大海

当晨星的光芒再次照耀我们，历史又翻开了新的一页。

大自然的规律依然如此，而我们亦是在一次又一次的复盘与展望中，踏上新的旅途。

星光不负赶路人。

从2016年至今，我们始终践行"社会主义是干出来的"伟大号召，通过一系列创新创造和小改小革，为企业发展注入了强有力的动能。综采自动化远程操作系统的研究应用，综掘机掘锚一体化作业平台的设计应用，带式输送机无基础安装系统的设计应用，巡检机器人、焊接机器人的应用，自动捕尘卷帘纱门防尘，"护国钻车"横空出世等392项获奖的技术创新、合理化建议和先进操作法，为企业注入了活力、创造了价值。

创新是引领企业发展的第一动力。我们始终坚持把创新放在现代化矿井建设全局中的核心地位，以问题为导向，持续不断地抓好重点科技创新项目的研究与成果应用，坚持不懈地推进机械化、信息化、自动化和智能化建设，大力开展职工经济技术创新，积极与科研院校开展联合科技攻关，通过大数据集成、分析、建模和评估，优化矿井各大生产系统，实现减人增效。

时间的书页不断掀开，新的征程赋予新的使命。

推动习近平新时代中国特色社会主义思想深入人心，新思想指引新航程、创造新辉煌的精气神。从第一个百年奋斗目标到第二个百年奋斗目标，从矿井实现现代化治理到建成世界一流水平示范煤矿……这是新的开始，也是新的实践开启。本书中的成果作为里程碑，激励后人不断超越。

征途是星辰大海，但追梦的道路依然要一步一个脚印。我们将这些用尽无数时间和心血、梦想、执着完成的100项优秀成果汇编成册，在岁月深处播种灌溉着的，仿佛无影无形。但终有一天，会在星辰大海间，大放异彩！

苟日新，日日新，又日新。

党的十九届五中全会把科技创新摆在各项规划任务的首位进行专章部署。我们只有时时创新、处处创新、人人创新，发挥职工群众的首创精神，不断破解制约矿井发展的"卡脖子"问题，努力将科技创新成果向现实生产力转化。

蓝天碧水，花香鸟语，山河湖海，日月星辰。

这是一个崭新的起点，更是一次漫长的征程。
星星的光芒永不熄灭，它正召唤我们前行。
不惑于方向，不惮于行动，
我们是奋斗者，我们是追梦人。

目　录

智能化

采 掘

一通三防

其 他

机电运输

JI DIAN YUN SHU

孟凡志

中国煤炭工业协会
技能大师暨"宁煤工匠"

陈过东

宁夏青年职业技能竞赛状元
暨自治区技术能手

郭新峰

宁夏青年职业技能竞赛状元
暨自治区技术能手

吴鹏立

宁夏青年职业技能竞赛二等奖
暨自治区技术能手

高万辉

"陕煤杯"全国煤炭行业职业技能
竞赛井下作业瓦斯检查工三等奖

唐恒兴

中国技能大赛—宁夏青年职业技能
竞赛三等奖暨宁东青年岗位能手

王建军

宁夏煤业公司技能状元

任　刚

宁夏煤业公司技能状元

苏　琥

宁夏煤业公司技能状元

闫伟民

宁夏煤业公司技能状元

带式输送机无基础安装系统的设计应用

（生产服务中心）

一、成果简介

针对传统的工作面顺槽带式输送机安装工艺,设计加工了由卸载部、主驱动部、副驱动部、张紧装置部、卷带装置部、机尾部六部分组成的无基础安装装置。该装置主要部件有底座、立柱、监测系统、液压控制系统等组成,通过立柱对巷道底板的正压力,从而增大摩擦力,实现带式输送机的固定。

二、成果内容

1.成果背景

带式输送机传统安装方式采用预埋地脚螺栓,使其与带式输送机座体固定在一起。这种安装方式的缺点是进行带式输送机结构设计时需同步设计安装基础图、开挖预埋坑道、浇筑基础、安装时进行二次灌浆,安装工序繁多,投入人力物力多,不可重复性使用。

2.基本原理

(1)无基础安装装置主要通过使用液压立柱,增大设备底座对巷道底板的正压力,从而增大摩擦力,实现带式输送机的固定安装。

无基础安装装置主要由底座、立柱、安全监测系统、液压系统组成,液压立柱与底座通过销轴连接,带式输送机机架与底座通过高强度螺栓连接,液压立柱通过增大底座的正压力从而将带式输送机固定。

无基础安装装置使用机械方式替代传统方式进行安装。通过在线实时监测的方式对装置液体压力及受到巷道顶板的压力进行实时监测,并可自动启停液压泵站,进行及时补压。

无基础安装装置根据带式输送机的结构设计,分别在卸载部、主驱动部、副驱动部、张紧装置部、卷带装置部和机尾部各设计了无基础安装装置,实现了带式输送机整机模块化安装、固定(如图1)。

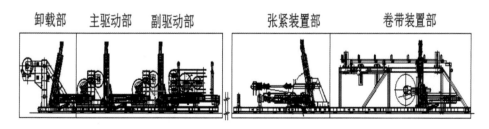

图 1 整体布置和结构示意图

图 2　无基础装置三维模型　　　　　图 3　无基础装置应用现场

（2）无基础安装装置（如图2）相邻的底座通过螺栓进行连接，增大了整套装置的稳定性。

（3）液压立柱中支撑油缸的上部设计了机械锁紧机构，有效地防止了因油缸泄压造成的液压立柱支撑力减少（如图3）。

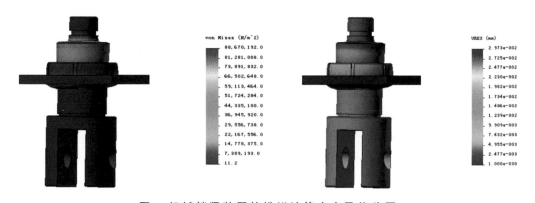

图 4　机械锁紧装置的模拟计算应力及位移图

机械锁紧机构中螺母的主要材料为42CrMo，垫板的主要材料为16Mn，材料性能参数如表1所示。

表 1　螺母材料性能参数

材质	抗拉强度 σ_b/Mpa	屈服强度 σ_s/Mpa	伸长率/%
2CrMo	≥1080	≥930	≥12
16Mn	470-630	≥335	≥21

经过有限元模拟分析计算，无基础安装装置结构能够满足强度要求。

（4）安全监测系统主要通过两个压力传感器对支撑油缸的压力和巷道顶板对支座的压力进行双重实时监测，并可将信号发送至控制器，通过控制器控制液压泵站的启停，从而实现自动补液的目的。

带式输送机机头部大架与无基础装置底座之间使用M36的10.9级合金钢螺栓进行连接固定。

3.关键技术

无基础安装装置主要通过使用液压立柱,增大设备底座对巷道底板的正压力,从而增大摩擦力,实现带式输送机的固定安装。

三、先进性及创新性

带式输送机无基础安装装置,从根本上优化改进了传统的带式输送机安装固定方式,无须进行开挖预埋坑道、预埋地脚螺栓、浇筑基础等繁杂工序。带式输送机无基础安装装置结构简单,安装回收方便、快捷,大大提高了安装效率和安装速度。带式输送机无基础安装装置使用安全可靠,且实现了模块化安装,可多次重复使用,节约了大量的人力、材料和时间。

四、成果运行成效益

安装一部带式输送机无基础安装装置,与传统带式输送机安装工艺相比,可节省81万元。同时大大提高了安装效率和安装速度。

五、应用效果评价

目前梅花井矿大范围使用带式输送机无基础安装装置,已在多个工作面安装使用,装置运行稳定可靠,效果显著。梅花井矿已向宁夏煤业公司大力推广无基础安装装置,具有很广阔的应用市场。

两臂式掘锚一体机在拱形巷道的研究与应用

（生产服务中心）

一、成果简介

通过在EBZ-200综掘机上加装液压前探临时支护装置、液压锚杆钻机及作业平台，实现掘锚一体化作业，减少了巷道掘进过程中人工搬用锚杆钻机的工序，提高了支护效率，大大提高了单进水平。

二、成果内容

1.成果背景

梅花井煤矿综掘工作面掘进过程采用一片网一支护，支护作业时需人工来回搬运锚杆钻机进行打眼支护，支护时间长，人员劳动强度大，支护效率低，掘进速度慢。同时，在使用锚杆钻机打眼支护时，工人的工作服容易被水淋湿，给工人身体健康带来了极大的危害。

2.基本原理

在不改变综掘机原有结构和功能的基础上，在综掘机上主要加装了连杆机构、支护机构、钻臂机构、锚杆钻机、工作平台等机构和部件（如图1、图2）。

图 1 改进后示意图　　　　图 2 现场实物图

连杆机构是本机进行掘进作业和支护作业的主要切换的主要机构，它位于掘进机的左右两侧。由连接支座、左前连杆、右前连杆、后连杆、架体平移油缸等组成。连杆机构可通过架体平移油缸带动工作平台做前后移动，实现机组从掘进作业和支护作业的快速切换，能更加高速地满足巷道内快速掘进的作业要求。

支护机构是由支护连接杆、前探梁、支护支撑油缸、迎头支护板、护帮支撑油缸等组成。支护机构位于工作平台上方,可在支护支撑油缸和支护连接杆伸缩油缸作用下前后和上下移动,完成支护机构的前后及上下调整,迎头支护板可通过护帮支撑油缸展开,辅助防护煤壁片帮。

钻臂机构可实现:臂身上下升降角度30°,9°角向内回转,21°角向外回转;钻臂方筒整体前后伸缩950 mm,回转座整体前后伸缩950 mm;推进机构左右旋转180°,前后旋转180°。

锚杆钻机主要利用液压锚杆钻车上的锚杆钻机机构,与钻臂机构配合,进行锚杆支护作业。

工作平台由平台架体、回转工作平台、支护油缸座等组成。工作平台位于掘进机上方,可在连杆和平移油缸作用下前后移动,完成整个支护部分的快速调动,回转工作平台展开后可大幅度提高人员活动空间,满足各方位钻孔支护作业要求。两侧回转工作平台可独立操作,互不干涉。

液压系统是以掘进机原有的泵站为动力源、通过操纵阀实现掘进模式和支护模式的切换及互锁,安全可靠。

电气系统在原掘进系统的基础上增加压力变送器以实现掘进与支护互锁。

3.关键技术

掘锚一体机实现掘、锚、支一体化作业,提高了掘进作业的机械化程度,支护效率高,掘进速度快。同时,掘进机采用无线遥控操作控制,操作安全可靠。

三、先进性及创新性

掘锚一体机应用后,分两次完成的巷道掘进改进为一次成巷掘进,提高了掘进效率。减少了支护作业中人工搬运钻机的工序,提高了支护效率,降低了工人的劳动强度及降低了安全风险。作业过程中临时支护及永久支护均由人工操作液压系统实现,提高了掘进作业的机械化程度。

四、成果运行效益

两臂式掘锚一体机与传统综掘机相比,掘进进尺由原来280 m/月提高至500 m/月,大大提高了单进水平。杜绝了因搬运液压锚杆钻机造成的人员伤害,保障了安全生产。同时,从根本上解决了在使用锚杆钻机打眼支护时,支护用水淋湿人员工作服的问题,有效保护了人员身体健康。

五、应用效果评价

两臂式掘锚一体机的成功研究和应用,大幅提高了巷道支护效率和掘进速度,为实现快速掘进奠定了基础,应用效果良好,可在宁夏煤业公司全面推广应用。

综掘远程自动化控制系统的设计与应用

（综掘五队）

一、成果简介

该装置可将工作面视频系统、变频器运行系统、永磁电机冷却系统、胶带机通信控制系统、VOIP 语音系统、综掘机控制系统、巡检机器人系统、水仓远程排水智能控制系统、开关监测系统、水电计量系统、局部通风机自动切换系统、矿压监测系统等有效地结合在监控中心内（如图 1、图 2）。通过摄像头监控、开关数据读取、VOIP 网络电话等手段，可对胶带机、综掘机、开关等设备进行集中自动化控制。以此达到对综掘工作面实现远程监控、智能化及少人化的目的。

二、成果内容

1. 成果背景

根据梅花井煤矿掘进工作面存在工况恶劣（高粉尘、高湿度、高噪声、冒顶片帮、冲击地压、煤和瓦斯突出、透水），在一个工作面会同时涉及掘、支、运等多工种协同作业，工作量及工作强度大，自动化水平低，且事故高发的现象，本设计可以帮助解决综掘工作面以往存在的各种问题，搭建一个安全、舒适的工作环境。

2. 基本原理

综掘工作面自动化控制系统作为整个系统数据集成、远程检测监控中心，该装置可将工作面视频系统、变频器运行系统、永磁电机冷却系统、胶带机通信控制系统、VOIP 语音系统、综掘机控制系统、巡检机器人系统、水仓远程智能排水控制系统、开关监测系统、水电计量系统、局部通风机自动切换系统、矿压监测系统等有效地结合在监控中心内，通过摄像头监控、开关数据读取、VOIP 网络电话等手段，可对胶带机、综掘机、开关等设备进行集中控制，达到对设备运行状态进行实时监控、对操作人员集中管理的目的，同时生产数据的实时上传也便于调度中心对工作面的运行情况实现远程监控。

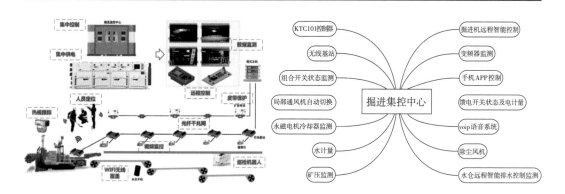

图 1 自动化控制系统结构示意图　　图 2 自动化控制数据传输流程图

3.关键技术

(1)配电开关统一部署,统一接口,有利于数据集中分析及加快现场故障诊断。

(2)实现截割头热红外跟踪,实时监控截割过程中设备运行温度。

(3)实现综掘机远程控制,使用远程控制器即可完成对综掘机运行状态的控制。

(4)实现对作业人员的防碰撞保护。

三、先进性及创新性

作为系统数据集成、远程检测监控中心,该装置可将工作面视频系统、变频器运行系统等有效地结合在监控中心内。通过摄像头监控、开关数据读取、VOIP网络电话等手段,可实现对胶带机、综掘机、开关等设备的集中自动化控制,达到对设备运行高效控制、操作人员集中管理的目的。

四、成果运行效益

通过对综掘工作面自动化控制装置的设计与应用,可优化工作面人员配置结构,减少了胶带机头胶带机司机,改为井下或井上集中控制,同时沿线巡检工作也可由机器人替代执行,可优化日常生产组织过程中的人员配置。同时利用综掘机远程控制装置可以大幅减轻人员劳动强度及保证员工作业过程中的安全。

五、应用效果评价

通过掘进巷道全线智能集中控制的实施,将巷道沿线各零散系统进行集中控制,对工作面安全生产、减员增效具有重要意义,目前已在梅花井煤矿111806工作面运输巷投入使用且使用效果良好。

水仓自动清淤系统在+850 m水平主水仓的应用

（生产安装队）

一、成果简介

水仓自动清淤系统（如图1）是将人工清淤系统升级为自动清淤系统，员工通过远程遥控操作清淤机和全自动压滤机进行循环作业，达到了减人提效、降低员工劳动强度，改善了员工作业环境的效果。

二、成果内容

1.成果背景

煤矿水仓原人工清淤系统为人工驾驶清淤机将淤泥经过泥浆泵输送至压滤系统，人工操作压滤机将煤泥压滤脱水后运输至原煤运输系统。整个系统正常运行需6人，且存在员工作业劳动强度大，作业环境昏暗潮湿、有积水、风筒直吹对员工身体造成较大伤害等问题。

2.基本原理

+850 m水平主水仓自动水仓清挖系统由一台MQC-75型无线遥控清淤机（如图2），搭配2套压滤脱水系统及配套的无线遥控器和信息传输控制系统组成。作业时操作员通过无线遥控器向水仓内清淤机发出指令进行清挖淤泥作业，淤泥通过排泥管路输送至搅拌罐内，通过搅拌，混合成匀质泥浆。自动压滤系统自动控制泥浆泵将泥浆输送至压滤机内，系统按照程序自动控制压滤机进行注浆、压滤脱水、分离运输循环作业。

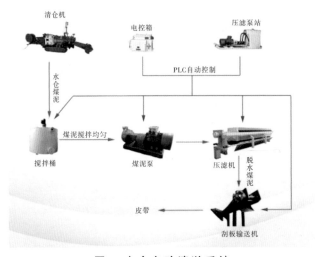

图 1 水 仓 自 动 清 淤 系 统

图 2 无线遥控清淤机　　　　图 3 水仓自动清淤系统布置示意图

3.关键技术

水仓自动清淤系统使用无线遥控器远距离操作清淤机,通过PLC控制器可以实现压滤机全自动进行泥浆压滤脱水、分离运输的循环作业,从而提高了作业安全性,改善了员工工作环境(如图3)。

三、先进性及创新性

自动清淤系统应用后减少了操作人员数量,由原来6人/班次降低至2人/班次。自动清淤系统有效地改善了员工作业环境,降低了职业病发病率,简化了员工作业工序,提高了作业效率。

四、成果运行效益

相比于传统的清淤工艺和系统,水仓自动清淤系统投入使用后,梅花井煤矿+850 m水平水仓清淤作业人员每班由6人减少至2人,每天可减少8人,全年可节省人工成本87.6万元。

每班可以提高有效作业时间0.7 h,全年可累计增加有效作业时间511 h。同时,改善了员工作业环境,降低了职业病发病率。

五、应用效果评价

水仓自动清淤系统清淤效率高,使用效果良好,可在宁夏煤业公司各矿井推广使用。

梅花井煤矿原煤运输系统消缺优化与应用

(运输一队)

一、成果简介

针对井工煤矿带式输送机系统实际状况,深入分析了机械故障出现的主要原因,提出全方位多视角改进方法,起到了有效预防机械故障的作用,极大地减少了故障影响生产时间,使带式输送机系统安全性、可靠性、平稳性大幅提高,为系统无人值守、有人巡视、远程集控化操作,创造了有利条件,实现了"机械化换人,自动化减人"的目的。

二、成果内容

1.成果背景

带式输送机系统不可避免有大块煤(矸)、铁器和黏渣进入,容易造成输送带受冲击力破坏,设备运行受阻,系统功能得不到充分利用,主要表现为卡堵、蓬仓、堆煤、撕带、跑偏等故障。据统计,井工煤矿使用最多的设备是带式输送机,且系统机械故障极为频繁,千万吨矿井每年影响生产时间可达100 h以上。因此,减少机械故障,提高带式输送机系统的可靠性,成为亟待解决的问题。

2.基本原理

通过对存在问题追踪溯源,发现问题的根源主要有3种类型:一是条形、片状大块物料破碎效果不佳,二是除铁效果不佳,三是黏渣进入煤仓易造成膨仓。

针对问题根源,主要采取在井下煤仓上口安装破碎机、在搭接点安装给煤机、合理选择除铁器安装方式、改进卸载仓型式、安装自动纠偏器(如图2)、安装储带仓防跑偏立辊(如图3)、安装液压推煤装置(如图4)、安装卸载仓满仓保护装置、安装使用翻板式纵撕保护装置(如图5)等技术措施。

实施改进后原煤运输系统如图1:

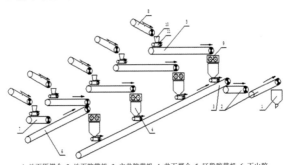

1-地面原煤仓;2-地面胶带机;3-主井胶带机;4-井下煤仓;5-区段胶带机;6-下山胶带机;7-集中巷胶带机;8-顺槽胶带机;9-双齿辊破碎机;10-卸载仓;11-给煤机

图1 实施改进后原煤运输系统图

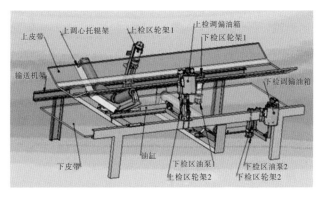

图2 液压自动纠偏器安装图

图3 顺槽胶带机储带仓防跑偏立辊

图4 液压推煤装置

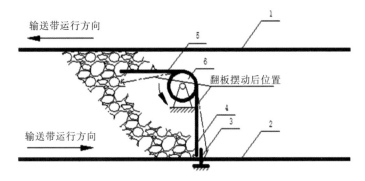

1-上带;2-底带;3-行程开关;4-竖板;5-横板;6-转轴

图5 带式输送机翻板式纵撕保护原理

3.关键技术

在对原煤运输系统易发机械故障总结和分析的基础上,逐条梳理出易产生故障的原因及特点。充分利用补短板的方法,大处着眼,小处着手,诸点改进并补充完善,提出科学有效的应对办法,弥补了原系统中存在的诸多缺陷。

三、先进性及创新性

通过对原煤运输系统的消缺优化,极大地减少机械故障,规避故障处理时存在的诸多不安全因素,减少故障影响生产时间,实现系统安全、可靠、平稳运行。为系统无人值守、有人巡视、远程集控化操作,创造有利条件,实现了"机械化换人,自动化减人"的目的。

实现了在设备增加的情况下,作业人员配置不增反降的效果,且实现了系统故障大幅减少,设备安全、可靠、平稳运行的目的。

四、成果运行效益

故障影响生产时间同期对比如图6。

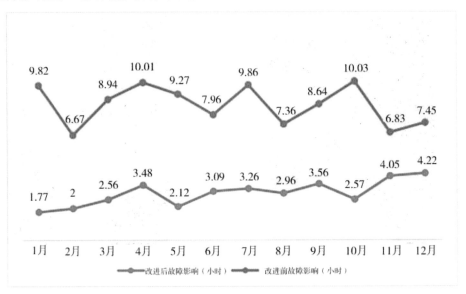

图6 故障影响生产时间同期对比

故障影响生产时间的减少,相当于增产原煤11万t/a,直接产生经济效益3704万元/年。

实现了系统远程集控化操作,在设备总台数同比增加8台的情况下,系统作业人数同比减少42人,直接节约人工工资636万元/年。设备和作业人数同期对比如图7。

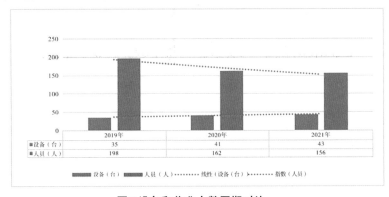

图7 设备和作业人数同期对比

合计产生经济效益 4 340 万元/年。

五、应用效果评价

通过系统分析,全方位、多视角地实施改进,走"机械化换人,自动化减人,实现集约化生产"的路子,既能保障作业安全,又能释放系统产能,对社会效益和经济效益意义重大。

胶带机大角度连续转弯装置设计应用

（综掘五队）

一、成果简介

本转弯装置使用折返原理使煤流连续,通过调整转弯装置上、下滚筒的水平角度实现对胶带机转弯的控制(上带和底带使用相同原理转弯),通过对胶带机大角度连续转弯装置的设计及应用,达到了三条夹角为 25° 的巷道只需铺设一条胶带机即可满足生产需求。由此可节省两部胶带机的安装及运行成本。

二、成果内容

1.成果背景

在梅花井煤矿常规运输系统中,遇到短距离、成角度的多条巷道时需铺设多部胶带机形成运输系统。多条胶带机的使用不仅影响设备安装回撤的进度及工期,同时还增加了设备的使用费用和运行费用,也使设备运行故障率大大增加。另外管理多部胶带机使得区队对设备日常维护检修耗时耗力,极为不便。

2.基本原理

在遇到短距离、成角度的多条巷道时,在胶带机拐弯处各安装一组折返装置,并将胶带机驱动控制机头安装在 1106101 工作面运输巷,同时在 1106101 工作面运输巷一号联络巷上下口各安装一部转弯装置,机尾安装在 1106103 风巷开口处。本转弯装置使用折返原理使煤流连续,通过调整转弯装置上、下滚筒的水平角度完成胶带机的转弯。上带和底带使用相同原理转弯。绕带及滚筒角度(如图 1、图 2)。

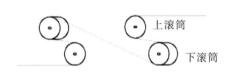

图 1 转弯装置绕带示意图

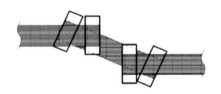

图 2 转弯装置滚筒安装角度示意图

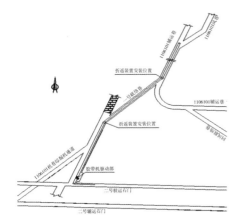

图3 1106101工作面运输巷胶带机安装位置示意图

图4 设备现场装配图

三、先进性及创新性

转弯装置使用折返原理使煤流连续,通过调整转弯装置上、下滚筒的水平角度完成胶带机的转弯,上带和底带使用相同原理转弯,使得三条夹角为25°的巷道只用铺设一条胶带机(如图3、图4),相较于常规运输系统需铺设3部胶带机可节省大量的设备安装费用。

四、成果运行效益

在梅花井煤矿1106103回风巷使用了胶带机连续转弯装置后,减少了设备布置数量,降低了运行费用,同时缩短了设备安装及后期回撤的工期,保证了工作面正常生产接续,并且运行可靠稳定。通过细化核算可节省1名岗位司机以及两部机头运转的电费,年节约费用近204万元,同时节省了对胶带机的日常维护量,达到了一举多得的目的。

五、应用效果评价

胶带机转弯装置安装使用后,运行效果稳定可靠,节省设备及能耗的同时减少了人工投入及维护量,使用效果良好。目前已经在宁夏煤业公司类似连续拐弯巷道中推广使用。

焊接机器人在管路加工中的应用

（生产服务中心）

一、成果简介

管路焊接机器人主要由两台移动式焊接主机、一体式轨道、储料架、液压翻料系统等部件组成（如图1、图2）。根据焊接不同型号的管路及材料，合理设置焊机相关参数，依靠焊接主机控制器的PLC进行自动控制，实现对管路的自动焊接。管路焊接机器人焊接管路质量好，焊接效率高。

二、成果内容

1.成果背景

梅花井煤矿井下使用的各种管路，均由人工使用电焊机进行焊接，焊接速度慢，焊接效率低，焊接质量不高，且在焊接管路时产生有害气体、焊渣、弧光等，容易造成人员伤害，存在一定职业病危害。

2.基本原理

管路焊接机器人主要由两台移动式焊接主机、两台气保焊接电源、一套一体式轨道、一套储料架和一套液压翻料系统等五部件组成。

焊接控制系统以PLC程序控制为核心，可控制焊接电流、电压、焊枪摆动参数、滚轮转速、压紧臂升降及整体沿轨道行走等参数；各焊接参数通过人机界面输入及显示，程序内置，参数输入简单，便于操作。

通过全数字控制，从小电流到大电流，都能对电流状态进行极其精细控制，获得稳定的焊接品质。

焊枪调整机构由多自由度连杆组成，对气保焊枪进行角度和位置调整，满足插接和对接焊缝焊接需要。

液压翻转系统采用液压作为动力，将点焊后管路翻转至焊机焊接工位上，将焊接完成的管路翻转至成品料架上。

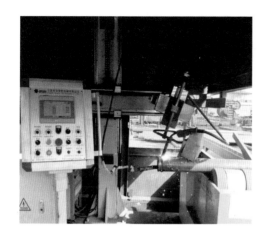

图 1 焊接实物图

图 2 焊接实物图

3.关键技术

焊接机器人以PLC控制为核心,实现全数字化控制,操作简单、便捷。

焊机底座为轨道式,可根据不同长度和不同直径的管路进行批量焊接,适用范围大。焊接时,管路旋转速度变频可调,调速范围广。焊机的焊接参数时时监控可调。

三、先进性及创新性

焊接机器人适合各种管路的焊接,焊接速度快,焊接效率高,焊接质量好,有效降低了在焊接管路时因产生有害气体、焊渣、弧光等对人体造成的危害。焊接机器人操作方便,无须用专职电焊工进行操作,能够节省两名电焊工。

四、成果运行效益

随着梅花井矿不断地推进,井下使用支护锚索数量不断增加,引进管路焊接机器人后,管路焊接机器人与人工使用电焊机焊接管路相比,人工焊接1人每天工作焊接 Φ108 mm 管 35 根, Φ159 mm 管 20 根;管路焊接机器人2人操作每天焊接 Φ108 mm 管 130 根, Φ159 mm 管 80 根。使用焊接机器人后的焊接效率提高了两倍。大大降低了电焊工因长期接触焊机烟尘造成的职业病危害。

五、应用效果评价

管路焊接机器人为宁夏煤业公司该类型中的首套先进设备。该设备焊接时提高了焊接效率、保障了焊接质量,降低了劳动强度,杜绝了职工接触渣焊、弧光等造成的职业病危害,降低了安全隐患,使用效果良好,可在宁夏煤业公司推广使用。

自动锚索切割机的研制与应用

(生产服务中心)

一、成果简介

自动锚索切割机以液压泵站为动力,PLC作为控制装置,用光电传感器控制切割片的下切量,用行程开关控制锚索的长度,以千斤顶为执行机构控制切割机把手的升降,通过以上装置的综合控制,实现切割机自动切割锚索。

二、成果内容

1.成果背景

梅花井煤矿一直采用人工手动操作切割机进行加工锚索,锚索切割效率低,人员操作切割机存在一定风险,不利于安全管理。

2.基本原理

自动锚索切割机主要由电控系统、送料装置、切割机、"V"形滑架、液压系统等组成。

为了防止锚索弹出伤人,使用滚轮式锚索输送机进行输送锚索,通过手动调整滚轮的间隙控制锚索输送的速度。

将切割机固定在加工平台支座上,以液压泵站为动力源,以液压油缸为执行元件,在切割机把手上设计安装一个操作机构,实现对切割机把手的自动升降控制。在切割机把手运动的线路上设计安装行程开关,实现对切割片磨损极限的控制。在切割机上安装光电传感器对切割片下切量进行控制,实现锚索切断。在锚索运行的线路上接近末端处设计安装行程开关,实现锚索长度尺寸的控制,当锚索触碰到行程开关时,锚索输送机停止转动,切割机把手自动下降开始进行切割锚索。切断的锚索沿着落料架自动滑落至底板。此外,使用遥控器实现远程一键启停(如图1)。

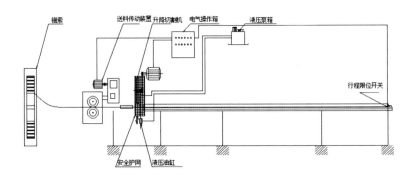

图 1 自动锚索切割机示意图

3.关键技术

自动锚索切割机以 PLC 程序控制为核心,实现锚索从拉→定(长度)→切→卸全工艺流程自动加工,极大地提高了锚索切割效率及人员安全系数。

三、先进性及创新性

自动锚索切割机使用滚轮式锚索自动输送机进行输送,使用遥控器一键启停,能够切割不同长度的锚索,并能做到自动下料,通过 PLC 控制,实现自动切割锚索。

四、成果运行效益

自动锚索切割机与人工相比较,人工切割 2 人每天切割(4.15 m、7.15 m)锚索合计 300 根,平均每人每天切割约 150 根。自动锚索切割机投入使用后,每天切割(4.15 m、7.15 m)600 根,只安排兼职人员监护。实现自动切割锚索后,可减少两名钳工,切割效率提高一倍,每年可节省约人工成本 40 万元。

五、应用效果评价

自动锚索切割机切割效率高,安全可靠,使用效果良好,可在宁夏煤业公司推广使用。

自移液压支架有线控制装置的设计应用

（综采一队）

一、成果简介

自移液压支架有线控制装置是基于工作面原有的 PM32 电液控制系统设计的,由 20 m 控制线、2 台控制器及可移动的电源组成。自移装置使用简单便捷,提高了工作面上口增装或者回撤液压支架的安全性,保障了现场工作人员的安全。

二、成果内容

1.成果背景

当工作面斜长发生变化时,工作面上口需要增装或者回撤液压支架,此时液压支架未与工作面电液控连接,不能被工作面液压支架电液控制系统控制,前移支架需人工进入支架内操作,存在安全隐患。

2.基本原理

自移液压支架有线控制装置,利用液压支架 PM32 电液控制系统领架控制器远控操作相邻液压支架的功能和原理,使用 20 m4C 型控制线将 2 台控制器连接,且配置可移动的电源,实现对液压支架远距离电液控操作(如图 1)。

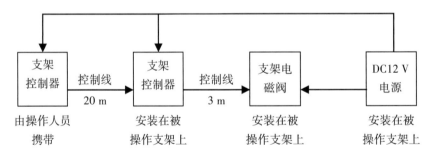

图 1　自移液压支架有线控制装置原理图

3.关键技术

工作面上口增装或者回撤液压支架时,采用远程操作,现场操作安全可靠。

三、先进性及创新性

1.本装置配件成本低,配件损坏后,维修成本低,而且配件属于现场常用配件,能够快速恢复正常使用,现场利用率高。

2.本装置操作简单便捷,和正常使用的支架控制器操作方法一样,不需专业人员,支架工就可以操作。

3.本装置通过控制线将控制器连接,实现了远距离操作,有线传输数据稳定,操作安全、可靠。

四、成果运行效益

采用自移液压支架有线控制装置,现场操作安全可靠,避免了人员在支架内操作支架存在的安全风险,配件成本低廉,采用现场的常用配件,维修成本低,能通过较低的成本获得极大的安全效益。

五、应用效果评价

经现场使用,自移装置稳定可靠,现场利用率高,能够达到95%,操作简单便捷,液压支架工便可以进行操作,极大地提高了安全效益,已在梅花井煤矿所有综采工作面推广使用。

乳化液箱冷却装置的设计应用

（综采一队）

一、成果简介

乳化液泵箱冷却装置是将喷雾泵进水引入乳化液箱内冷却器后进入喷雾泵，喷雾泵将乳化液输送到采煤机、液压支架工作面作为降尘喷雾使用，清水经过冷却器给乳化泵箱内乳化液降温，达到将乳化液泵箱乳化液冷却的目的。

二、成果内容

1.成果背景

乳化液在综采工作面液压系统中主要起润滑和防锈的作用，如果乳化液温度升高就会造成密封件损坏，导致漏液，降低工作面支架的支护强度，并可能产生乳化液析皂现象，导致乳化液变质，因此降低工作面液压系统内乳化液的温度至关重要。

2.基本原理

该乳化液泵箱冷却装置是在2个乳化液泵箱(1个乳化液回液箱和1个进液箱)内分别安装1个自制冷却器，两个冷却器之间用 ϕ25胶管连通，回液箱内冷却器与清水过滤器通过 ϕ25胶管连通，进液箱内冷却器与喷雾泵箱连通，清水经过乳化液泵箱内冷却器被喷雾泵输送到采煤机、液压支架作为降尘喷雾使用(如图1)。

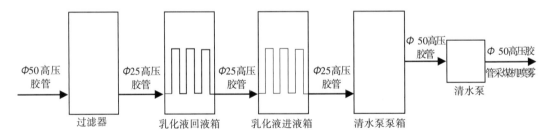

图 1 乳化液箱冷却装置原理图

3.关键技术

将喷雾用的冷水引入乳化液箱内，通过冷却器吸收乳化液的热量后，有效降低了乳化液的温度。

三、先进性及创新性

1.降低了综采工作面液压系统内乳化液温度，减少了系统密封件的损坏。

2.通过喷雾泵的启停,喷雾水不仅实现对乳化液降温,而且还可以作为喷雾降尘使用,提高了水资源利用率。

3.抑制了细菌在乳化液内的滋生,防止乳化液变质。

4.避免了析皂现象的发生,降低了过滤器、操作阀及先导阀堵塞现象的发生。

四、成果运行效益

该装置降低了工作面电气列车处环境温度约2℃,改善了员工的工作环境,同时避免了乳化液变质引起液压系统的污染,减少了液压系统配件的投入。通过喷雾泵的启停,喷雾水不仅实现对乳化液降温,还可以作为喷雾降尘使用,提高了水资源的利用率。

五、应用效果评价

能够达到给乳化液箱内乳化液降温的目的,降温效果显著,对于水资源进行重复利用,极大地提高了水资源的利用率,应用效果良好,已在梅花井煤矿所有综采工作面推广应用。

液压支架辅助阀安全锁装置的设计应用

（综采一队）

一、成果简介

在液压支架辅助阀上加装安全锁装置，当使用辅助阀时，必须先将长"U"形卡拆除，否则辅助阀操作手把不能动作；不用辅助阀时，长"U"形卡处于常闭状态，防止了人员误操作辅助阀动作产生的高压液伤人事故的发生。

二、成果内容

1. 成果背景

综采工作面每台支架都有辅助阀，辅助阀出液口采用 DN10 的堵头进行了封堵，操作把手可随意开关，存在安全隐患，不利于现场安全管理。

2. 基本原理

此装置用 M20 mm×130 mm 的 2 条螺栓将 100 mm×100 mm×6 mm 大小的钢板安装在辅助阀一侧，用 ϕ 8 mm 的钢筋自制成长"U"形卡，用此自制长"U"形卡将辅助阀把手固定住，在自制"U"形卡两端安装安全销，防止自制长"U"形卡脱落，并用一条 200 mm 长的链条将自制长"U"形卡和钢板固定，防止自制长"U"形卡丢失。

3. 关键技术

通过在液压阀组把手上加装"U"形安全锁环，实现对液压阀组的防护，以防液压阀组误动作（如图 1、图 2）。

图 1 液压支架辅助阀安全锁装置侧面图　　图 2 液压支架辅助阀安全锁装置正面图

三、先进性及创新性

设计结构简单,操作灵活方便,安全可靠。

四、成果运行效益

液压支架辅助阀安全锁装置可在液压支架辅助阀操作手把上上锁,防止液压支架工误操作导致液压支架伤人,提高了安全效益。

五、应用效果评价

该装置结构简单,应用广泛,能够实现在辅助阀操作手把上锁的目的,对液压装置开关实现安全管控,使用效果良好,已在梅花井煤矿所有综采工作面推广应用。

采煤机高压电缆及高压胶管防护装置的设计应用

（综采一队）

一、成果简介

在工作面中部槽采煤机电缆及胶管出口处,加装一个防护装置,防止采煤机在割机头机尾时,采煤机电缆夹板处于紧绷状态,将中部槽出口处采煤机电缆及胶管损伤。

二、成果内容

1.成果背景

采煤机电缆和胶管穿过刮板输送机电缆槽后,在中部槽处引出进入电缆夹板,为采煤机提供电源和冷却水。采煤机在割机头机尾时,采煤机电缆夹板处于紧绷状态,使中部槽出口处采煤机电缆及胶管被拉紧,极易造成损伤。

2.基本原理

在中部槽出口处采用10 mm厚的钢板制作1个250 mm×190 mm×120 mm槽型装置,该装置一端与中部槽电缆槽用2条M24 mm×30 mm螺栓固定,另一端与电缆夹板连接固定,从中部槽出来的电缆和胶管必须通过该装置才能进入电缆夹板内。在第一节电缆夹板上方设置1个 $\Phi108$ mm×195 mm钢管,用于增加出口处电缆及胶管弯曲半径,并用 $\Phi10$ mm的钢丝绳将钢管与电缆夹板固定,防止钢管随意移动。

图 1 采煤机高压电缆及高压胶管防护装置实物图

3.关键技术

通过在中部槽加装采煤机电缆及高压胶管的防护装置,能够有效增大电缆及胶管的弯曲半径(如图1)。

三、先进性及创新性

加大了中部槽出口处电缆、胶管的弯曲半径,避免了弯曲背面缆芯护层出现疲劳现象,避免了电缆芯线受挤压,保障了电缆安全可靠运行,提高了电缆、胶管的使用寿命。

四、成果运行效益

提高了采煤机电缆、胶管的使用寿命,未安装时,每个月就要经行一次维护,安装后便可一直投入使用,减轻了员工的检修强度。

五、应用效果评价

该装置在综采工作面的应用,提高了采煤机电缆、胶管的使用寿命,为工作面连续高效生产提供了保障,减轻了员工的工作量,省去了维护电缆胶管的工作,使用效果良好,已在梅花井煤矿其他综采工作面推广使用。

采煤机电缆链带防滑装置的设计应用

（综采一队）

一、成果简介

大倾角工作面采煤机正常下行割煤时，由于工作面倾角大，采煤机链带在自重作用下自行下滑，轻则链带窜出电缆槽，掉入刮板输送机或架前，重则损坏链带，甚至电缆、液管等，严重制约工作面正常生产。该装置利用增加电缆槽与链带之间的摩擦力降低链带下滑的速度，避免链带跑带现象的发生。

二、成果内容

1.成果背景

综采工作面倾角过大时，时常发生链带下滑的现象，导致采煤机链带损坏，甚至损坏采煤机电缆，后果非常严重，严重制约了工作面正常生产。

2.基本原理

该装置为抱箍式链带防滑装置，整体安装在刮板输送机中部槽电缆槽侧帮上，采用长230 mm宽150 mm厚10 mm的钢板加工制作而成，钢板的一端焊接2块长150 mm宽30 mm的钢板，分别与大板成60°和90°夹角，在与大板成90°夹角的钢板上打两个12 mm的孔，安装一块长200 mm宽170 mm的废旧皮带，大板的另一端打两个12 mm的孔，用2条12 mm×50 mm的螺栓与1块长150 mm宽30 mm的钢板固定在刮板输送机中部槽电缆槽侧帮上。每个刮板输送机中部槽电缆槽侧帮分别安装一个电缆链带防滑装置，整体加大摩擦力，采煤机在割煤过程中，利用电缆槽、皮带与链带之间的摩擦力降低链带滑动的速度，避免链带跑带现象的发生。

图 1 采煤机电缆链带防滑装置实物图

3.关键技术

通过在电缆槽上安装固定胶皮,增大电缆链带与电缆槽之间的摩擦力,实现电缆链带的防滑(如图1)。

三、先进性及创新性

1.该装置制作简单方便,不需人员监护,实用性强,易于推广。

2.可以根据现场实际情况,增加或者减少该装置,达到既能防止链带下滑又不影响采煤机正常割煤速度。

四、成果运行效益

该装置避免了因采煤机链带下滑,导致的电缆损伤、人员受伤;减少了此类问题对生产的影响,(原先因采煤机链带下窜,至少影响3 h生产),提高了生产效率。

五、应用效果评价

该装置符合煤矿实际应用,应用范围大,从根本上解决了大倾角工作面链带下滑影响生产的问题,此法是目前解决同等条件下工作面链带下滑问题最有效、最实用的方法,已在梅花井煤矿其他综采工作面推广应用。

喷雾泵箱自动加水装置的设计应用

（综采一队）

一、成果简介

通过加装浮球开关和电动球阀,当喷雾泵箱高水位时,浮球上浮电动球阀停止工作,喷雾泵箱低水位时,浮球下浮电动球阀启动加水,实现喷雾泵箱自动加水的目的。

二、成果内容

1. 成果背景

综采工作面使用的喷雾泵箱采用人工开启球阀的方式供水,现场使用不方便,需专人监护,人员监护不及时,会导致大量水资源的浪费。

2. 基本原理

该装置采用浮球开关控制电动球阀的方式,达到自动加水的目的。带有磁体的浮球在被测介质中的位置受浮力作用的影响,液位变化导致磁性浮子位置的变化,浮球中的磁体和传感器作用,产生开关信号,控制电动球阀的启停。电动球阀一端与清水过滤站连接,一端与喷雾泵箱连接,当喷雾泵箱高水位时,浮球上浮电动球阀停止工作,当喷雾泵箱低水位时,浮球下浮电动球阀启动加水,达到喷雾泵箱自动加水的目的(如图1)。

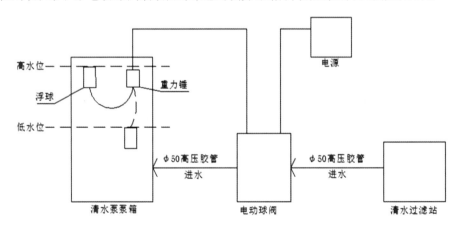

图 1 喷雾泵箱自动加水装置原理图

3. 关键技术

通过喷雾泵箱内的浮球漂浮的位置,实现对电动球阀打开和关闭,从而达到自动控制喷雾泵箱水量的目的。

三、先进性及创新性

1.该装置原理结构简单,实用性强。

2.液位的变化使浮球开关实现了自动通断,浮球开关的通断实现了电动球阀的启停,从而实现了喷雾泵箱自动加水的功能。

四、成果运行效益

避免了正常生产过程中专人频繁监护喷雾泵箱水位,每天至少可节省每班1人两小时工时,每年至少可节省36 500元成本,液位到达停止位后,自动通断,避免了水资源浪费,每年至少可节省300 m^3水。

五、应用效果评价

该装置使用效果良好,成功实现了喷雾泵箱自动加水的功能,不仅仅节约了水资源,而且解放了劳动力,取得了较大的经济效益,已在梅花井煤矿其他综采工作面推广应用。

采煤机拖缆装置的改造

（综采一队）

一、成果简介

采煤机原拖缆装置安装位置加高150 mm，在连接处安装1个销轴，将原拖缆装置固定方式改为铰接连接方式，可以实现采煤机拖缆装置向上翻转，避免采煤机上下行走时挤伤采煤机电缆。

二、成果内容

1.成果背景

采煤机原拖缆装置距离电缆槽上部不足50 mm，在采煤机上下行走通过中部槽位置时，中部槽位置处采煤机电缆夹板堆积有4~5层，采煤机通过时，拖缆装置与电缆夹板挤压，极易导致采煤机电缆损坏。

2.基本原理

将采煤机拖缆装置与煤机连接处加高150 mm，增加了采煤机拖缆装置通过中部槽时的高度空间，并在连接处安装1个销轴，将采煤机原拖缆装置固定方式改为铰接连接方式，可以使采煤机拖缆装置向上翻转，即使电缆夹板堆积有4~5层也不会损坏采煤机电缆。

图 1 采煤机拖缆装置实物图

3.关键技术

通过调高采煤机拖缆装置安装位置，并将其固定方式改为铰接连接方式，实现采煤机拖缆装置向上翻转,有效保护了采煤机电缆(如图1)。

三、先进性及创新性

1.采煤机拖缆装置与煤机连接处加高150 mm,增加了采煤机拖缆装置通过中部槽时的高度空间。

2.在连接处安装1个销轴,将采煤机原拖缆装置固定方式改为铰接连接方式,当采煤机拖缆装置与堆叠的电缆夹板碰撞时,拖缆装置可以向上翻转,避免直接碰撞导致电缆的损伤。

四、成果运行效益

该装置保护了采煤机电缆。原先拖缆装置与堆叠的电缆夹板碰撞时,至少影响生产2 h,带来直接经济损失无法估量。改造后减少了此类问题产生的影响,提高了生产效率。

五、应用效果评价

消除了采煤机通过中部槽时拖缆装置挤压电缆夹板的隐患,实现了保护采煤机电缆的目的,使用效果良好,已在梅花井煤矿其他综采工作面推广应用。

分组定向移架技术在111801自动化综采工作面的研究与应用

（综采一队）

一、成果简介

111801自动化综采工作面采用分组定向移架技术，解决了液压支架下甩头、移架缓慢、刮板输送机"上蹿下滑"等问题。

二、成果内容

1.成果背景

111801综采工作面是大倾角、大采高综采自动化工作面（平均倾角30°、平均采高3.84 m），正常电液控移架程序导致液压支架下甩头严重，移架速度缓慢，不能满足自动化综采工作面的需求，因此急需改变移架方式。

2.基本原理

将液压支架按照从下向上的顺序，每5台支架为1组进行分组，当采煤机位置与液压支架距离达到程序内移架距离时，开始第1组液压支架移架，以5+移架距离为第2组液压支架移架触发信号，开始第2组液压支架移架。移架以降、移、升为主线，在移架过程中合理配置伸缩梁、护帮板、底调、侧护千斤顶的动作时间，达到快速移架，实现分组定向移架。

3.关键技术

通过程序设置分组移架和按照规定动作和方向进行移架，有效控制支架的架形。

三、先进性及创新性

1.按照从下向上的顺序进行移架，防止了液压支架下甩头，避免了支架架型不正带动刮板输送机"上蹿下滑"。

2.以5台支架为1组进行分组，可满足多台支架同时移架，实现快速移架，有利于现场顶板管理。

四、成果运行效益

保障了大倾角、大采高综采工作面自动化开采的工程质量，避免了支架架型不正带动刮板输送机"上蹿下滑"，为自动化快速移架提供了技术保障。

五、应用效果评价

有利于现场工程质量管理，安全可靠，不仅有效地控制了架型，而且解决了液压支架下甩头严重、移架速度缓慢的问题，提高了现场生产效率，应用效果良好。

超前单元支架在1106110综采工作面回风巷的应用

（综采一队）

一、成果简介

超前单元支架代替了单体液压支柱对综采工作面回风巷超前顶板的支护,员工不必再抬运笨重的单体液压支柱,降低了作业风险和劳动强度,支护效果良好。

二、成果内容

1.成果背景

1106110综采工作面回风巷超前20 m范围内,采用悬浮式单体液压支柱与π型钢梁配合,支设"一梁二柱"倾向钢棚进行支护,棚距865 mm,柱距1400 mm,每班需抬运、支设大量的单体液压支柱,存在很大的安全风险。

2.基本原理

在工作面回风巷超前向巷口方向安装两排ZQ4000/20.6/45型巷道超前单元支架,代替两排"一梁二柱"倾向钢棚进行支护,即每相邻两组"一梁二柱"倾向钢棚用两台巷道超前单元支架代替,采用气动单轨吊运输超前单元支架,巷道下帮侧单元支架中线距巷道下帮1.3 m,巷道上帮侧单元支架中线距巷道上帮1.3 m,单元支架中线间距2.6 m,两底座边缘间距1.6 m。

移架方案:

(1)1号单元支架底调千斤顶旋转至水平位置放置,朝向巷道侧帮;

(2)1号单元支架先降柱,再将侧帮板收回。通过领架单元支架操纵阀控制动作单元支底调千斤顶伸出,向右侧移动600 mm;

(3)通过邻架操纵阀控制将1号单元支架底调千斤顶收回;

(4)1号单元支架底调千斤顶安装底调套筒组件,用销轴安装固定;

(5)通过邻架操纵阀控制将1号单元支架底调千斤顶伸出,再次向右侧移动600 mm;

(6)通过邻架操纵阀控制将1号单元支架底调千斤顶收回;

(7)1号单元支架底调千斤顶的内套筒组件伸出,两套筒组件长度最长时用销轴固定;

(8)通过邻架操纵阀控制1号单元支架底调千斤顶伸出,将支架移架至巷道中心位置;

(9)1号单元支架底调套筒组件拆下,底调千斤顶收回,将其放置为竖直状态。主进、主回管路拆解,做好向巷口方向运输准备;

(10)用单轨吊将1号单元支架运输至巷道单元支架的最前端,按指定位置摆放,采用

"尾变首"大循环支护方式；

（11）1号单元支架摆放至指定的位置，连接邻架主进、主回管路，打开侧帮板增加底座支撑面积，立柱升柱接顶后，完成移架。其余单元支次进行移架。

3.关键技术

单元支架支护顶板的有效面积大，支护强度高，大大增加了巷道顶板支护的可靠性和安全性（如图1）。

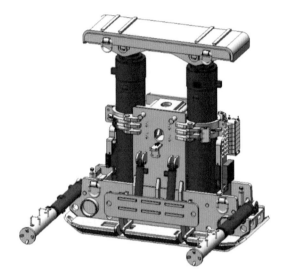

图 1 超前单元支架实物图

三、先进性及创新性

单元支架的主要特点是使用两根 $\Phi250$ 缸径双伸缩立柱，简单的扶位机构，支架稳定性好，保证足够支护强度条件下，结构更加简单，尺寸更紧凑，具有整体性强、支护效果好和安全生产等优点。

四、成果运行效益

员工不必抬运单体液压支柱，降低了员工的劳动强度。以前每天需支护大量单体支柱，需要组织4~5人进行抬柱。使用单元支柱后，完全省去了这一步骤，每年可节87万左右开支。单体支柱支护顶板的有效面积大，支护强度高，大大地增加了巷道顶板支护的可靠性，提高了现场作业的安全系数，更安全可靠。

五、应用效果评价

使用该单元支架，有效地减轻了员工的劳动强度，避免了员工搬运单体支柱时发生碰手碰脚的风险，极大地提高了安全效益，降低了员工的劳动强度，提高了超前支护的效果，可广泛推广使用。

刮板输送机机头电缆槽挡煤装置的设计应用

（综采一队）

一、成果简介

刮板输送机机头电缆槽上加装1个挡煤装置，当有大块煤滑下时，被挡煤装置阻挡掉入刮板输送机内，避免了沿刮板输送机下滑的煤块和矸石砸伤人员。

二、成果内容

1.成果背景

当工作面倾角过大时，煤块和矸石容易顺着刮板输送机电缆槽下滑至刮板输送机机头，会砸伤闭锁工以及刮板输送机机头作业人员。

2.基本原理

采用10 mm厚的钢板加工1块200 mm×200 mm的挡煤板，挡煤板与1块200 mm×300 mm的底板呈60°夹角焊接，底板与挡煤板之间焊接2块钢板作为挡煤板的支撑，在底板老空侧一边焊接1块200 mm×300 mm的侧板，侧板与电缆槽侧板用4条M20螺栓以抱箍式的方式进行固定，底座安装在电缆槽上方，当有大块煤沿电缆槽滑下时，被挡煤装置阻挡掉入刮板输送机内。

图1 刮板输送机机头电缆槽挡煤装置实物图

3.关键技术

在刮板输送机机头闭锁工作业处，在电缆槽上设计安装防大块煤矸沿着电缆槽下滑至刮板机机头的挡煤板,结构简单,实用可靠,能有效保护刮板机机头闭锁工的安全(如图1)。

三、先进性及创新性

采用斜板与电缆槽呈 60°夹角挡煤,提高了挡煤装置的可靠性,安全性更高,挡煤效果更好。采用与电缆槽侧板抱箍式的固定方式,挡煤装置安装更便捷,固定更牢固。

四、成果运行效益

使用该装置后,提高了现场作业的安全性,有效保护刮板机机头闭锁工的安全,有利于区队现场安全管理。

五、应用效果评价

在刮板输送机机头电缆槽上加装 1 个挡煤装置,不影响刮板输送机正常使用,结构简单,还提高了安全效益,应用效果良好,已在梅花井煤矿所有综采工作面推广应用。

1104203综采工作面皮带自移机尾改造

（综采二队）

一、成果简介

梅花井煤矿1104203综采工作面通过对皮带自移机尾压带板的改造，解决了生产过程中皮带自移机尾堆煤、撒煤现象的发生，降低了撕带、断带的风险，提高了生产效率。

二、成果内容

1. 成果背景

梅花井煤矿1104203综采工作面过M502向斜轴，机巷坡度12°、坡长300 m，工作面局部顶板淋水。在生产过程中，由于胶带输送机不能及时将转载机拉运的煤运走，造成皮带自移机尾积煤、撒煤较为严重，撒出的煤拉入上皮带底面，将上带顶起并将上带压带板塞住，导致皮带频繁从机尾压带板下跳出来和撕带、断带的发生，造成皮带无法正常运转。

2. 基本原理

通过将皮带自移机尾两侧的压带板拆掉，增大皮带上带与煤的接触面积，在皮带上带两侧的底面加装立板，在皮带自移机尾前端两侧加装立托辊，使皮带自移机尾上带呈 V 字形，增大皮带的槽角，保证皮带自移机尾的装煤效果，杜绝了堆煤、撒煤和撕带、断带现象的发生。

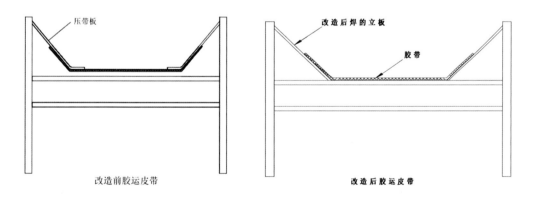

图 1　综采工作面皮带自移机尾改造示意图

3. 关键技术

将皮带自移机尾压带板拆掉，在皮带上带两侧的底面加装立板，在皮带自移机尾前端两侧加装立托辊，使皮带自移机尾上带呈"V"字形，增大皮带的槽角避免了撒出的煤拉入上皮带底面,保证了皮带的正常运转(如图1)。

三、先进性及创新性

通过对皮带自移机尾压带板的改造,避免了由于压带板里面塞满杂物将皮带卡住,造成断带、撕带的现象发生。保证皮带自移机尾的装煤效果,减少了皮带自移机尾积煤、撒煤现象的发生,保证了胶带输送机的正常运转。

四、成果运行效益

改造前皮带自移机尾每班安排3人维护皮带自移机尾,每班割煤2刀。改造后皮带自移机尾每班安排1人维护皮带自移机尾,每班原煤产量提高至5刀,同时给安全生产提供了可靠保障。

五、应用效果评价

皮带自移机尾改造完成后,生产过程中胶带输送机运行良好,提高了工作面设备的开机率,减轻了工人的劳动强度,增加了工作面原煤产量。应用效果良好,已在梅花井煤矿综采工作面同型号设备中推广应用。

大坡度条件下单轨吊小车移设的优化

（综采二队）

一、成果简介

梅花井煤矿1104203综采工作面过M502向斜轴,风巷坡度平均12°、坡长300 m,由于受到重力的分力的影响,利用单轨吊步进装置拉移单轨吊小车,时间较长,拉移较困难。为了解决拉移单轨吊困难和时间长的问题,在回风巷电气列车最后面安装一部JH-8型绞车,拉移单轨吊时将JH-8型绞车钢丝钩头挂在需要拉移的单轨吊小车上,通过信号铃联系,可以快速安全地将单轨吊拉移到位。

二、成果内容

1.成果背景

梅花井煤矿1104203综采工作面过M502向斜轴,因巷道坡度大,每天检修班利用单轨吊步进装置拉移单轨吊小车费时费力,对工作进度造成很大影响,为解决此问题,梅花井煤矿综采二队改进了单轨吊小车的拉移方式,采用绞车来拉移单轨吊小车,从根本上解决了拉移单轨吊小车难、时间长的问题(如图1)。

2.基本原理

在回风巷电气列车最后面安装一部JH-8型绞车,拉移单轨吊小车时,作业人员将绞车钢丝绳拉到需要拉移的小车处,利用绞车钢丝绳将单轨吊平稳地拉移到位。

图 1 绞车安装现场布置图

3.关键技术

在1104203回风巷电气列车最后面安装一台JH-8型绞车,检修班拉移单轨吊时,利用绞车进行拉移单轨吊。

三、先进性及创新性

1.解决巷道坡度较大时,检修班用单轨吊拉移装置拉移单轨吊距离短,时间长的问题。

2.解决巷道坡度较大时,单轨吊制动闸失效,在拉移过程中单轨吊突然下滑,造成单轨吊小车下滑事故。

四、成果运行效益

没有使用小绞车拉移单轨吊小车时,检修班用单轨吊拉移装置拉移单轨吊,需要7个多小时能完成整体工作,拉运过程中工序较多。使用绞车拉移单轨吊后,需要1个多小时能完成整体工作,拉运过程中工序较少,人员操作较为安全。

五、应用效果评价

通过井下实际使用,利用绞车在巷道坡度变大时拉移单轨吊,速度快、安全性高。已在梅花井煤矿同等条件的综采工作面中推广应用。

扩音电话拉力电缆保护装置的研究与应用

（综采二队）

一、成果简介

1104203综采工作面前期开采时，由于工作面坡度大，人员上下行走拉拽扩音电话拉力电缆，经常造成扩音电话与拉力电缆的连接头折断，通过对拉力电缆连接头处加装保护装置，较好地避免了拉力电缆连接头处因人为拉拽和生产过程中拖动，导致扩音电话拉力电缆连接头处折断，减少了对生产的影响。

二、成果内容

1.成果背景

1104203综采工作面前期开采时，由于工作面坡度大，人员上下行走困难。在行走过程中，多数人习惯性地用手拽扶着工作面拉力电缆行走，容易导致拉力电缆与扩音电话连接头松动甚至折断，导致扩音电话断线影响生产，同时增加了材料投入。

2.基本原理

将拉力电缆连接头套入加工好的保护套内并将其与扩音架子进行固定，使保护套将拉力电缆头托起，防止拉力电缆因人为拉拽或生产过程中拖动，造成拉力电缆头折断。

图1 拉力电缆保护装置装配图

3.关键技术

用一寸半钢管加工拉力电缆头保护套，将拉力电缆头保护起来，并将保护套固定于扩音电话架子上，有效地将拉力电缆连接头保护起来，避免了因人为拉拽或生产过程中拖动，造成拉力电缆头折断(如图1)。

三、先进性及创新性

通过用钢管对拉力电缆头的保护,有效地解决了因各种原因导致拉力头断裂的现象,极大地减小了维护拉力电缆所消耗的人力物力。避免了因拉力电缆头损坏而造成的生产影响。

四、成果运行效益

以工作面安装 30 台扩音电话为例,工作面回采完毕可节省约 5.39 万元。

五、应用效果评价

扩音电话拉力电缆保护装置应用后,减小了拉力电缆的消耗,减少了对生产影响,降低了工人的劳动强度,提高了生产效率,减小了材料损耗。应用效果良好,已在梅花井煤矿推广使用。

刮板机机头可伸缩式挡矸装置的研究与应用

（综采二队）

一、成果简介

为防止工作面大块煤矸顺着刮板输送机下滑窜至工作面下口，对人员行走造成较大安全隐患。在1#端头液压支架伸缩梁处安装可伸缩式的挡矸装置，挡矸装置的护皮可以沿巷道方向前后自由伸缩，以防护大块煤矸下滑窜至工作面下口，保证机头行走人员的安全。

二、成果内容

1.成果背景

梅花井煤矿1106108综采工作面煤层平均倾角为23°，生产过程中大块煤矸顺着刮板输送机下滑至机头，窜至工作面下口，对人员行走存在较大的安全隐患。针对此问题，梅花井煤矿综采二队在1#端头液压支架伸缩梁下安装了可伸缩式的挡矸护皮，用以防护大块煤矸下滑窜至工作面下口（如图1、图2）。

2.基本原理

在1#端头液压支架伸缩梁处设计安装了可伸缩式的挡矸装置。挡矸装置推拉杆一端与伸缩梁前端的销孔相连，另一端穿在焊接在顶梁上的C型环内，利用伸缩梁千斤顶的伸缩使挡矸装置推拉杆在焊接在顶梁上的C型环内滑动，从而实现挡矸护皮的自由伸缩和移动，有效地防护大块煤矸下滑窜至工作面下口。

图 1 挡矸装置现场装置配图（ a ）　　　图 1 挡矸装置现场装置配图（ b ）

3.关键技术

利用胶带输送机的胶带,加工一块宽1.4 m、长3.0 m的皮带护皮,在护皮的一端用两块3 m长、宽100 mm、厚10 mm的铁板,在铁板一端将40T圆环链焊接在铁板上,用10 mm的铁板将护皮夹住,用M20×75 mm的螺栓将两块3 m长、宽100 mm、厚10 mm的铁板与护皮固定,将护皮安装在1#端头液压支架伸缩梁挡矸装置的推拉杆上。

三、先进性及创新性

1.挡矸装置正对刮板机机头,可以有效防止大块煤矸从刮板机头窜至工作面下口,保证行人安全。

2.实现挡矸护皮的自由伸缩和移动。

四、成果运行效益

改进后,降低了挡矸装置的维护量,保证在生产过程中下口人员行走的安全。

五、应用效果评价

现场使用安全应用效果良好,已在梅花井煤矿所有综采工作面推广应用。

采煤机电缆防滑装置的研究与应用

(综采三队)

一、成果简介

梅花井煤矿综采三队设计研制了一套电缆防滑装置,安装在刮板输送机机尾,用于防止大倾角综采工作面采煤机活动电缆下滑,达到了良好的应用效果。

二、成果内容

1.成果背景

当综采工作面煤层倾角大于18°时,采煤机活动电缆在工作面回采过程中会随着采煤机行走出现自动下滑现象,在没有采取措施情况下采煤机活动电缆会在自动下滑时翻出电缆槽,掉至液压支架前或刮板输送机内,从而造成采煤机活动电缆及电缆夹板损坏。严重可能造成人员伤害,影响工作面安全生产(如图1)。

2.基本原理

在刮板输送机机尾安装的自制电缆防滑装置类似小绞车,通过滚筒缠绕钢丝绳,使用手动操作阀控制液压马达进行驱动;活动电缆中间处安装滚轮,滚轮与钢丝绳固定连接,随着采煤机行走连同电缆夹板滚动,利用液压马达驱动滚筒收绳及松绳,防止采煤机活动电缆下滑。

图 1 自制电缆防滑装置

三、先进性及创新性

该采煤机电缆防滑装置的制作及应用,解决了梅花井煤矿综采三队大倾角综采工作面采煤机活动电缆下滑的问题。该装置利用液压支架供液系统提供动力,使用操作阀控制液压马达驱动滚筒缠绕钢丝绳,控制采煤机活动电缆下滑。

四、成果运行效益

直接效益:节省了采煤机活动电缆夹板的日常维护及更换费用。未安装之前每月需要更换 70 个电缆夹板,安装后每月正常损耗 5 个,按照单个夹板 211.97 元计算,全年经费共节省 65×211.97×12=165 336.6(元),合计 16.53 万元。

间接效益:降低人员劳动强度,杜绝了电缆下滑砸伤人员的安全风险,消除了安全隐患;同时保障了设备运行的可靠性,减少了生产影响。

五、应用效果评价

该采煤机电缆防滑装置制作简单、安全实用,解决了采煤机电缆在大倾角工作面下滑问题,有效防止电缆滑落安全隐患,已在梅花井煤矿综采三队成功应用,使用效果良好,并可在宁夏煤业公司大倾角综采工作面推广使用。

制冷设备在乳化液冷却中的研究与应用

（综采三队）

一、成果简介

梅花井煤矿综采三队通过研究设计，安装了一套乳化液冷却装置，用于降低综采工作面液压管路中循环的乳化液温度，从而降低综采工作面及回风巷的环境温度。

二、成果内容

1.成果背景

232204综采工作面是梅花井煤矿23采区第二个大采高工作面，该工作面回风巷、运输巷压力大，通风断面小，工作面及回风巷温度高；且232204综采工作面倾向达302.7 m，工作面使用的大采高液压支架数量达179台，设备列车距离工作面较远，除环境热量及设备散热外，液压管路中乳化液散热也是造成工作面温度高的重要原因之一。

2.基本原理

乳化液循环系统：回流乳化液管路经回液过滤站，分为两根DN50管路，每根DN50管路接一个DN50三通，一路回至乳化液箱，一路经DN50/DN50/DN75S三通合并至DN75S管路到冷却器。回流乳化液经冷却器S管制冷后，通过DN75S管路至回液箱，回液箱安装潜水泵将回液通过DN50/DN50/DN75S三通分别回流至2台乳化液箱，达成乳化液循环使用的目的（如图1）。

3.关键技术

制冷循环系统：在制冷装置水槽内加满水，通过增压泵将水槽水加压后打入制冷装置内部喷雾降温管道，对"S"形管内乳化液进行喷雾降温；同时利用冷却风机对"S"形管内进行吹风冷却，两种冷却方式同时使用，达到冷却效果。

三、先进性及创新性

该冷却装置的应用，解决了232204综采工作面液压管路散热造成工作面环境温度高

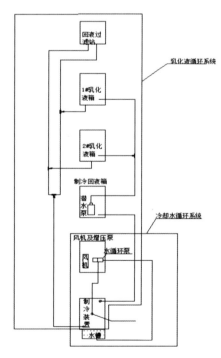

图1　乳化液冷却系统图

的问题。同时,综合了水冷加风冷两种冷却方式于一体,降温效果良好,做到了水循环利用,解决了综采工作面高温热害的实际问题。

四、成果运行效益

使用前,乳化液平均温度41.5 ℃,环境平均温度35 ℃。使用该装置后,乳化液平均温度32 ℃,环境平均温度28 ℃。达到了良好的降温效果,整体环境温度下降了4 ℃左右,明显地改善了工人的作业环境,减少工人因高温的体力消耗,消除工作面高温造成的安全隐患。

五、应用效果评价

该冷却装置的应用,能够降低综采工作面环境温度,改善人员作业环境,消除工作面的安全隐患,使作业人员的身体安全有了很大的保障,可在具有高温热害的综采工作面推广应用。

液压斗式提升装置的设计应用

（综采三队）

一、成果简介

梅花井煤矿综采三队通过研究设计，加工制作了一台液压斗式提升装置，安装在转载机桥身上，用于运输巷起底出渣工作。该装置现场使用后，降低了人员劳动强度，提高了出渣效率。

二、成果内容

1.成果背景

综采三队回采的232201综采工作面运输巷压力大，巷道底鼓严重，运输巷超前段巷道高度低，造成转载机及端头液压支架拉移非常困难，严重影响综采三队正常生产进度。为此，综采三队每班专门安排4人进行起底出渣工作，以增加巷道高度。而人工起底工作量及劳动强度大，起底深度最深达到1.6 m，最宽达到5.4 m。

2.基本原理

该液压斗式提升装置动力来源于乳化液泵站，通过液压马达进行驱动。轨道使用8#槽钢自制加工而成，

图 1 提升装置地面定型　　　　图 2 提升装置井下效果

3.关键技术

该液压斗式提升装置设计合理，采用轨道弯曲型设计，解决了卸料难的实际问题，且整体设计结构紧凑，节约空间(如图1、图2)。

三、先进性及创新性

该液压斗式提升机利用工作面液压支架原有的供液系统作为动力来源,使用液压马达进行驱动,并且操作简单,安全可靠,降低了人员劳动强度;同时解决综采工作面运输巷行人宽度狭窄,起底出渣难度大的问题。

四、成果运行效益

液压斗式提升装置应用后,减少了生产影响,提高了生产效率。原先因胶带运输机停机导致堆煤,至少需要4人进行出渣,影响3 h生产。应用后每天减少出渣人员3人次,增加产量5 t。同时,降低了工人的劳动强度,提高了工作效率,消除了安全隐患。

五、应用效果评价

该液压斗式提升装置应用效果良好,特别适用于巷道底鼓严重、作业空间狭小、需进行起底出渣的综采工作面运输巷,现已在梅花井煤矿综采工作面推广使用。

烟雾保护试验装置的设计应用

（综掘一队）

一、成果简介

带式输送机烟雾保护试验装置是由绞盘、滑轮为主要材料制作而成，在对烟雾保护装置进行维护或试验时无须登高作业，使用方便、快捷。

二、成果内容

1.成果背景

带式输送机烟雾保护装置安装在带式输送机机头驱动滚筒附近，距离底板较高，这给日常检查、维护或试验带来了极大的不便，需要人员站在高凳或爬梯上作业，且需要2人配合作业，且存在较大的安全隐患。

2.基本原理

烟雾保护试验装置以绞盘为主要材料，将绞盘固定在巷帮上，在绞盘上缠绕$\phi 10mm$的镀锌钢丝绳，在烟雾传感器上方安装一个小滑轮，使镀锌钢丝绳从绞盘穿过小滑轮与烟雾传感器挂钩相连接，在维护或试验时转动绞盘，即可实现烟雾保护装置的升降。

图 1 试验装置现场安装图

3.关键技术

利用绞盘的转动，轻松实现烟雾保护装置的升降（如图1）。

三、与国内外同类型产品比较得出结论

烟雾保护试验装置杜绝了因对烟雾保护装置进行维护或试验需要人员登高作业的问题,其操作简单、便捷,仅 1 人即可进行作业。

四、成果运行效益

烟雾保护试验装置使用后,检查维护或试验人员不需要登高作业,而且操作、试验便捷安全。

五、应用效果评价

烟雾保护试验装置杜绝了因检修或试验而进行登高作业,可在宁夏煤业公司推广使用。

综掘机液压前探梁的改造与应用

（综掘一队）

一、成果简介

在原综掘机液压前探梁顶梁的基础上，重新设计制作了前探梁，将前探梁改造为可伸缩式加宽型前探梁，有效增加了支护面积，切实提高了临时支护的可靠性。

二、成果内容

1.成果背景

在巷道掘进过程中，由于顶、帮压力大，围岩易发生变形、离层、片帮，原综掘机液压前探梁顶板支护装置宽度为 1 800 mm，而巷道宽度达到 5 200 mm，综掘机机载液压前探梁展开后对巷道顶板及掌子面防护面积小，特别是工作面迎头掌子面的煤容易片帮，这样极易造成迎头支护过程中工作人员受伤，给施工作业带来安全隐患。

2.基本原理

（1）液压前探梁顶板支护装置宽度原来为 1 800 mm，使用方钢进行焊接改造加宽顶护板，加宽部分采用套管式结构，并在加宽框架结构上安装尺寸为 $\Phi100/\Phi70/450$ mm 的液压千斤顶，实现加宽顶护板可伸缩，加宽顶护板完全展开后，顶护板总宽度变为 3600 mm。

（2）迎头护帮装置使用方钢进行加工制作，采用两级结构，第二级护板隐藏在第一级护板中，有效地减少了护板在综掘机上的占用面积。当前探梁第一级前护板满足不了工作面迎头高度的时候，可操作第二级前护板来实现。

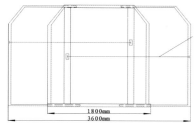

图 1 液压前探梁打开状态示意图

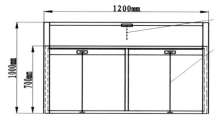

图 2 液压前探梁缩回状态示意图

3.关键技术

通过对综掘机液压前探梁顶板支护装置进行加宽改造，使顶护板支护面积增加一倍，提高了临时支护的可靠性（如图1、图2）。

三、与国内外同类型产品比较得出结论

液压前探梁顶板支护装置在原有液压前探梁的基础上进行改造，增加了顶护板和迎头护板的面积,利用液压前探梁操作阀组上备用阀片操作液压前探梁的二次展开。改造后的液压前探梁操作简单,有效增大了临时支护面积,大大提高了掘进工作面迎头支护时的安全性。

四、成果运行效益

通过加宽改造综掘机液压前探梁,使每个综掘工作面每天可节约因打设临时支护用15 根锚杆,每年可节省材料费约 13.5 万元。提高了临时支护的可靠性,确保了安全生产。

五、应用效果评价

通过改造后的综掘机液压前探梁,有效增大了巷道临时支护面积,极大地提高了综掘工作面的安全性,使用效果良好,可广泛推广使用。

综掘机喷雾及冷却装置自动控制的改造应用

（综掘一队）

一、成果简介

综掘机自动化喷雾及冷却装置是在供水管路上加装 MGQ-127V 矿用电磁阀门，在综掘机上加装 127V 断路控制器，通过监控截割电机的启停信号，实现对综掘机冷却及喷雾的自动控制。

二、成果内容

1.成果背景

原综掘机喷雾采用 KJ25 球形截止阀进行机械操作开关，由于使用时间过长导致手把因锈死转动困难，综掘机司机在割煤时开水、关水，必须停止割煤操作，手动关闭球形截止阀，不便于司机操作，降低了工作效率，造成了对水资源的极大浪费。

2.基本原理

结合现场环境以及综掘机的可操作性，在综掘机上加装 MGQ-127V 矿用电磁阀门，在 EBZ-160 综掘机电控箱内加装 127V 断路控制器，用其上腔内空置的端子，改装控制线路，通过监控截割电机的启停信号，实现对综掘机冷却及喷雾的自动控制（如图1）。

图 1 综掘机冷却及喷雾自动装置

3.关键技术

综掘机自动化喷雾及冷却装置，将原来的机械开关装置改变为电磁阀开关控制装置，提升了综掘机喷雾及冷却的可靠性。

三、与国内外同类型产品比较得出结论

综掘机自动化喷雾及冷却装置改造应用后,综掘机开停机时不再需要人工手动打开和关闭冷却喷雾水,实现了自动控制。避免了因长时间使用过程中球形截止阀容易损坏的缺点,同时简化了综掘机司机的开停机工序,提高了综掘机冷却喷雾的可靠性。

四、成果运行效益

综掘机自动化喷雾及冷却装置使用后,提高了冷却喷雾供水的可靠性,有效保障了综掘机电机、减速器及液系统的安全可靠运行,降低了设备故障率,减少了水资源的浪费。

五、应用效果评价

综掘机自动化喷雾及冷却装置使用后,实现了综掘机截割时冷却喷雾水自动开启,停机时自动关闭,使用效果良好,可以推广使用。

机械翻板式纵撕保护装置的设计应用

（综掘二队）

一、成果简介

机械翻板式纵撕保护装置主要由接煤板、翻转机构、挡煤皮、行程开关等组成,两端设计卡槽,安装在带式输送机纵梁上,使用螺栓紧固。翻转机构上使用软连接,将行程开关动作杆与翻转机构连接,当发生撕带后,煤矸撒落在翻板上,翻板向下翻转,带动行程开关动作,达到带式输送机保护、停机的目的。

二、成果内容

1.成果背景

带式输送机在运行过程中,一旦上带发生撕裂,则会使煤渣从上带洒落至下带,大量积渣由下带卷入带式输送机机尾,会造成撕带、断带等严重后果。而目前使用的压电式纵撕保护,存在因淋水等原因导致不够灵敏。不可靠,当胶带发生撕裂后不能及时报警停机,给矿井造成严重损失和后果。

2.基本原理

机械翻板式纵撕保护装置(如图1)主要以行程开关为主要元件,由接煤板、翻转机构、挡煤皮等组成,将翻板式纵撕保护装置的机械部分固定在纵梁上。当发生撕带后,煤矸撒落在翻板上,煤矸带动翻板向下翻转,当翻板上的煤矸重量达到一定时,使翻转机构触碰行程开关动作杆,使行程开关动作,达到带式输送机保护、停机的目的。

图1 翻板式纵撕保护装置

3.关键技术

将自行加工的翻板机构与带式输送机行程开关进行有效组合,实现了对带式输送机发生撕裂时撒在底带的积渣进行监测,通过控制行程开关的动作实现带式输送机保护、停机。

三、先进性及创新性

机械翻板式纵撕保护装置技术层面上领先于本公司原有装置,其结构简单,加工方便,安装快捷,成本低,应用范围广泛,杜绝了因淋水进入纵撕保护装置而造成保护装置不灵敏、不可靠甚至失效的现象。机械翻板式纵撕保护装置灵敏度、可靠性高,当带式输送机发生撕裂后能够及时动作保护,避免了带式输送机胶带撕裂而造成的严重损失和后果。

四、成果运行效益

自制机械翻板式纵撕保护装置加工时使用 Φ20 mm 焊管 1.3 m,厚度为 3 mm 的薄板,薄板 0.5 m²,4 mm×40 mm 扁铁 0.6 m,Φ10 mm 圆钢 1 m,防爆行程开关 1 件,每套投入不到 100 元。原使用的压电式纵撕传感器每套价值 2 600 元,相比之下每套纵撕保护装置能节省 2 500 元。每部带式输送机安装两套纵撕保护装置,可节约成本 5 000 元。每个掘进队每年能节省 60 000 元,同时,机械翻板式纵撕保护装置安全可靠,保护动作灵敏,更换简单快捷,可对胶带进行有效保护,保证了带式输送机的安全运行。

五、应用效果评价

机械翻板式纵撕保护装置在梅花井煤矿已广泛使用,从 55 kW 掘进用电滚筒胶带机到 3×630 kW 的采煤用胶带机都能见到其身影,其结构简单,接线容易,制作周期短,能够快速安装,不影响安装工期。另外成本低、灵敏可靠,所以使用效果非常好,可在宁夏煤业公司推广使用。

移动式自动警戒装置的研究与应用

（综掘二队）

一、成果简介

移动式自动警戒装置主要由矿用本质安全性红外发射器、矿用本质安全性红外接收器、声光报警器等组成。通过信号监测与信息传递，实现对巷道内车辆及行人的监测，通过声光报警器发出警报，提醒现场作业人员，减少了现场警戒人员数量。

二、成果内容

1.成果背景

巷道掘进过程中，需要在作业地点设置警戒线，确保安全作业。作业过程中存在平行作业，出渣点会有其他作业人员通过，因此出渣作业过程中需要安排两名作业人员在作业点两侧固定距离处设置警戒线，防止其他作业人员闯入警戒线，发生安全事故，这样每天需要安排6名作业人员专门设置警戒线，造成人员浪费。

2.基本原理

移动式自动警戒装置，主要由矿用本质安全性红外发射器、矿用本质安全性红外接收器、声光报警器、信号线、电源线、延时继电器等组成。

该装置工作电压为24 VDC,工作原理：将红外发射器与红外接收器分别安装在巷道壁及带式输送机机架上，中间无遮挡时发射器发出的红外线被接收器接收，声光报警器不动作。当红外发射器与红外接收器中间有物体经过或停留时，接收器接收不到发射器发出的红外线，接收器向声光报警器发送信号，声光报警器发出警报，延时继电器延长声光报警器作业时间（如图1）。

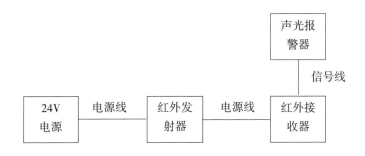

图1 工作流程图

移动式自动警戒装置所需的24V电源取自工作面电气开关，电源分别向红外发射器及红外接收器供电，接收器与声光报警器通过信号线连接。安装时，红外发射器与红外接收器分别安装至施工地点两侧向外 10~15 m，声光报警器安装在视野较宽广的地方，以便铲车司机在作业过程中能够看到。

3.关键技术

正常作业时，红外接收器时刻接收到发送器发出的红外线，声光报警器不动作，有物体经过时，接收器无法接收到红外发射器发出的红外线，接收器向声光报警器发送信号，声光报警器接收到信号后开始报警，铲车司机看到报警后及时停车，等待人员经过，延时继电器延长声光报警器报警时间，确保行人安全。

三、先进性及创新性

该警戒装置在技术层面上领先于本公司原有装置，其结构简单，安装快捷，能够对巷道内的行人及车辆进行实时监测，以发射、接收红外线的方式进行监测。移动式声光报警器的使用有效地提高了现场作业人员接收信号效果，可在黑暗、噪声高的环境中安全使用。

该装置使用自动警戒方式代替了人工设置警戒，可对所有物体进行自动监测，提高了监测效果。

四、成果运行效益

移动式自动警戒装置由 1 件红外发射器、1 件红外接收器、1 件声光报警仪组成，装置价格约为 0.8 万元。

使用该装置后每班可减少警戒人员 2 人，每天可减少 6 人，每年可节约人工成本 86.4 万元。同时，避免了警戒不及时不到位的情况发生，确保了安全生产。

五、应用效果评价

移动式自动警戒装置使用后解决了作业现场每班都需要安排专人设置警戒，造成人员浪费的问题，提高了装备机械化、自动化水平。移动式自动警戒装置现场应用效果良好，可在宁夏煤业公司推广使用。

压带防跑偏装置在1106108探巷的设计应用

（综掘三队）

一、成果简介

压带防跑偏装置由常用的800 mm皮带托辊架和一个Φ600 mm的带轮毂的轮胎组成，装置上方的轮胎主要用于压带，距离上带300 mm两侧安装的Φ108 mm×600 mm托辊用于防跑偏。该装置有效解决胶带机上带飘带、撒渣等问题。

二、成果内容

1.成果背景

梅花井煤矿1106108工作面探巷带式输送机总长1 600 m，巷道起伏大，胶带机撒渣、飘带问题频发，直接影响了综掘工作面的正常掘进，增加了巷道维护费用。针对带式输送机运行过程中出现的飘带、跑偏，且调偏较为困难的问题，自行设计并加工应用了带式输送机上带压带防跑偏装置。该装置极大地缓解了胶带运输机在运转过程中出现大量撒渣的现象，降低了人工清渣所需要的成本。

2.基本原理

该带式输送机上带压带防跑偏装置如图1所示，该装置由常用的800 mm皮带托辊架和一个Φ600 mm的带轮毂的轮胎组成，轮胎运行于上带上方，距离上带300 mm，主要用于压带；装置的两侧安装两个Φ108 mm×600 mm托辊，在最低点处安装一组（2个），用于防跑偏，在运行过程中，其压带防飘带、防跑偏效果明显。

图1 带式输送机上带压带防跑偏装置

三、先进性及创新性

该装置由上托架配合轮子焊接加固制作而成,具有整体结构简单、移动拆卸方便、加工制造费用低的优点,实用、方便、快捷,是针对带式输送机运行过程中出现的飘带、跑偏问题专门设计的,有利于在本公司各区队大力普及。

该装置满足了生产系统掘进出渣时胶带机防跑偏、防止撒渣的目的,提高了皮带运行的可靠性,提高了生产效率,创造了直接的经济效益,而且消除了皮带运行过程中存在的安全隐患,保证了安全生产。

四、成果运行效益

减少了最低点因胶带飘带或跑偏造成的撒渣,生产过程中停机时间及次数明显减少。据统计,每天三班出渣需要2人次,共计6人次,按区队平均工资每人15 000元/月计算,增加该装置后每年可节约108万元的人工成本。大大提高了工作效率,消除了安全隐患。

五、应用效果评价

该压带防跑偏装置运行良好,能够起到压带防飘带、防跑偏的作用,极大地缓解了胶带运输机在运转过程中出现大量撒渣的现象,降低了人工清渣所需要的成本,该装置在实际应用中整体效果良好,可以推广到相适应的工作面使用。

带式输送机调向装置在改向巷道中的应用

(综掘三队)

一、成果简介

当掘进巷道方位角发生变化时,通过设计加装一套专用调向装置,减少新增胶带机的方式,从而实现了胶带运行方向调整的目的。

二、成果内容

1.成果背景

梅花井煤矿1106108工作面探巷掘进400 m后,巷道方位发生4°变化,传统解决方式需要增加一部带式输送机,但安装胶带机需要2~3个班,每班6~8人影响生产进度15 m,整个过程需要投入大量的人力、财力、物力等,且存在安全隐患。针对巷道掘进中出现变向的问题,且为了减少对生产进度影响和不必要的人力、物力的投入,员工自主设计该带式输送机调向装置。

2.基本原理

该调向装置总长3 m,主要由4个 Φ320 mm×1150 mm的滚筒、3个 Φ200 mm×1 150 mm的滚筒、12#槽钢和100 mm的角铁焊接而成。下带中间滚筒用来压住胶带,前后滚筒用来拖起胶带,焊接滚筒架子时,采用一高一低的方式,在带式输送机中使用时通过改变调向装置中多个调向滚筒的角度不断调整带式输送机方向达到最佳效果,从而实现需要的胶带运行方向进行调整(如图1)。

图1 带式输送机调向装置

3.关键技术

加设调向装置通过改变调向装置中多个调向滚筒的角度不断调整带式输送机方向。减少了胶带机的安装,有效避免了安装过程可能出现的安全隐患。

三、先进性及创新性

该装置由 4 个 Φ320 mm×1150 mm 的滚筒、3 个 Φ200 mm×1150 mm 的滚筒、12#槽钢和 100 mm 的角铁焊接而成。具有整体结构简单、安装便利、耗时较短、加工制造费用低等优点,是针对巷道方位角幅度≤8°,巷道方位发生变化时设计的调整胶带方向的装置,有利于在本公司各区队大力普及。

该装置满足了生产系统掘进巷道方位角幅度≤8°,巷道方位发生变化时,调整胶带机方向的目的,减少了胶带安装的时间,提高了生产效率,创造了直接的经济效益,而且消除了皮带安装过程中存在的安全隐患,保证了安全生产。

四、成果运行效益

1.据计算安装一部胶带机需要 100 万元,而使用该装置后,可以减少新增胶带机的费用,且有效避免新增胶带机过程中的安全隐患,同时减少了设备投入、使用和维护的精力。

2.该装置加设免去了安装胶带机时投入大量的人力、财力、物力等,据计算安装一部胶带机需要 3 个班,每班需要配备 6 人,平均日工资 500 元/人计算,安装期间人员工资共计 9 000 元。

五、应用效果评价

巷道方位角幅度≤8°时,掘进巷道内可以优先考虑加设此装置用来调整皮带运行方向,该装置在现场使用效果良好,可大力推广使用。

气动接管装置的设计应用

（综掘五队）

一、成果简介

气动接管装置使用压缩空气作为辅助接管装置的动力源,利用旧锚索张紧器泵站改装后作为液压输出装置,使用油缸推动机械臂作为动作执行机构,利用此装置可大幅降低综掘工作面延接风水管路时人工作业劳动强度,同时也最大限度地保证了员工操作安全系数。

二、成果内容

1.成果背景

梅花井煤矿综掘工作面掘进施工时,由于管路敷设类次较多,且管路敷设难度较大,由于管体本身自重较大,人员抬运过程中会大量耗费体力,且人员搬运过程中存在较大安全隐患,致使延接风水管路工作效率低。同时还会影响钳工检修时间,导致管路严重滞后,无法跟上正常掘进速度。基于此,综掘五队通过不懈努力,设计出一种可用于综掘工作面的辅助接管装置。

2.基本原理

此装置使用压缩空气作为辅助接管装置(如图1)的动力源,旧锚索张紧器泵站改装后作为液压输出装置,利用油缸推动机械臂作为动作执行机构。在制作过程中充分考虑到管路的自重、机械臂的强度、油缸安装位置、整机重量及装置移动的灵活性。使用高强度钢材作为机械臂加工原材料,同时优化油缸位置,使油缸在运行范围内可以提供可靠的力矩,同时使用耐磨实心滚轮作为接管装置的行走机构,确保辅助接管装置可以适应井下环境并且拥有较长的使用寿命。

图1 气动接管装置成品图

3.关键技术

（1）使用压缩空气作为辅助接管装置的动力源。

（2）利用旧锚索张紧器泵站改装后作为液压输出装置。

（3）用油缸推动机械臂作为动作执行机构。

（4）使用了高强度的方管作为机械臂加工原材料，优化油缸位置，使油缸在运行范围内可以提供可靠的力矩，同时使用耐磨实心滚轮作为接管装置的行走机构。

三、先进性及创新性

辅助接管装置具有结构简单、操作方便等特点，可有效避免人员搬运管路过程中有管体掉落伤人的风险，同时也可大量节省体力，使钳工可以将有限的时间和精力投入到设备的检修中，为设备稳定运行确保正常生产提供了可靠保障。

四、成果运行效益

综掘五队在使用辅助接管装置后，能够有效缩短钳工搬运设备作业时间，平均每天能为钳工节省约1.5 h检修时间。与此同时，此装置可以极大地提高员工作业的安全系数，有效保证员工作业过程中的人身安全。

五、应用效果评价

使用接管装置进行连接管路以后，大大提高了管路延接的速度及安全性，使用效果良好，已在梅花井煤矿进行推广使用。

胶带机机尾液压吊带装置的设计应用

（综掘五队）

一、成果简介

多功能液压吊带装置通过在原平台下部导轨上安装两台推进油缸，使其与新增平台连接，在原平台上增设泵站，使其作为油缸的动力源，通过多功能液压吊带装置的研究与应用，可有效解决生产过程中频繁拉移机尾存在的费工费时、员工劳动强度大、安全隐患较多的问题。

二、成果内容

1. 成果背景

梅花井煤矿1118104工作面运输巷综掘工作面巷道施工时，每次延伸组装胶带机机架时至少需要5人配合抬撬胶带机组装机架，费工耗时且员工劳动强度大，同时在抬撬胶带机过程中存在撬杠打滑伤人的安全隐患。基于此，综掘五队通过设计制作一种多功能液压吊带装置可有效解决此类问题。

2. 基本原理

在已有的导轨平台基础上再增设一组平台，新增平台加装在原平台与胶带机普通架连接处，两处平台使用销轴连接，确保能够灵活转动来作为液压吊带装置（如图1）的支撑点。在原平台下部导轨安装两台油缸，与新增平台连接，同时在原平台上加装一组泵站，为油缸动作提供动力。在新增平台外沿下方使用链条将两根托辊起吊，两根托辊分别托住上带和底带，油缸伸缩时平台随之升高降低，胶带机也随之被起吊和下放；在泵站上增加一组油缸，油缸底部焊接铁盘用于增大接地面积；顶升、移动导轨时将链条拴到导轨上，人员操作泵站阀块控制油缸完成顶升、移动导轨的动作。

图1 液压吊带装置现场使用图

3.关键技术

(1)增设一组平台,新增平台加装在原平台与胶带机普通架连接处,两处平台使用销轴连接,确保能够灵活转动来作为液压吊带装置的支撑点。

(2)原平台下部导轨上安装两组油缸,与新增平台连接,同时在原平台上加装一组泵站,为油缸动作提供动力,人员可通过操作泵站阀块来完成吊带装置油缸升降的动作。

三、先进性及创新性

通过对多功能液压吊带装置的研发及应用,有效解决了传统综掘工作面需要频繁牵引机尾导致耗时耗力的问题,同时也减轻了综掘工作面员工的作业强度;有效优化了工作面人员配置,提升员工作业效率的同时也加强了员工作业的安全保障。

四、成果运行效益

使用多功能液压吊带装置后,平均每天能节省 1.5 h 检修时间,利用节省下来的时间可以掘进。按照掘进及支护时间,大约每天可以多掘进一个循环,按照一个循环 2 000 元,每月(按 30 天算)可收益 30×2 000 元=60 000 元。同时使用该液压吊带装置替代起吊等环节,也可大大地提高了组装胶带机机架安全系数。

五、应用效果评价

通过使用本装置,有效节省组装胶带机架时间,提高了作业效率,能够有效保障员工作业安全。同时液压移溜器具有易维修、操作省力的特点,该装置目前已在梅花井煤矿推广使用。

支腿式可伸缩风镐改造

（综掘五队）

一、成果简介

支腿式可伸缩风镐以废旧风动钻机为主体，通过制作机头座，将风镐安装于机头座上并连接风管阀门。通过对支腿式可伸缩风镐的改造，可有效解决对于不同高度不同部位巷道的修复问题。

二、成果内容

1.成果背景

由于梅花井煤矿井下巷道压力大，井巷维护修复量较大，对于巷道帮部及肩窝的维修在日常作业中通常采用人工使用风镐进行维护作业，作业过程中人员推进风镐劳动强度大，且在高空作业时偶尔有掉落下来的碎石伤人的安全隐患。基于此，现设计一种支腿式可伸缩风镐，可使人员操作更加简单方便，同时可有效降低人员操作时的安全隐患。

2.基本原理

针对作业现场挑顶作业存在的问题，设计改造一种支腿式可伸缩风镐（如图1），此设计可对帮部及高度较高的巷道肩窝进行维护修复。首先将废旧风动钻机的气腿修复，制作机头座，闭锁风镐气动阀后将风镐安装于机头座上连接风管阀门。

图1　支腿式可伸缩风镐成品图

3.关键技术

支腿式可伸缩风镐以废旧风动钻机为主体,加工制作机头座对风动钻机进行升级改造,可有效预防员工作业过程中由于顶板破碎掉落下来的碎石造成砸伤、划伤事故,同时利用废旧钻机可以有效节约开支达到降本增效的目的。

三、先进性及创新性

通过设计改造一种支腿式可伸缩风镐,可以达到对不同高度、不同部位的巷道均可进行剥离修复的目的,同时也解决了因人工使用风镐维护不同高度的帮部时需要搭设平台高架作业以及人工使用风镐推进支架造成的安全隐患和高强度作业的问题。

四、成果运行效益

此设计具有操作方便、快捷的优点,可大大降低人员操作劳动强度,以废旧风动钻机为主体进行升级改造,可节省材料费以及降低设备折旧费用,真正达到"修旧利废,降本增效"的目的。

五、应用效果评价

此项改造成果成功解决了目前对于不同高度、不同部位巷道修复困难的问题,真正做到对不同高度、不同部位均可进行剥离修复的效果,目前已在梅花井煤矿推广应用。

立式可伸缩风镐改造

（综掘五队）

一、成果简介

立式可伸缩风镐的本体采用废旧风动锚杆机气腿，在将其气动阀闭锁后，再制作机头座、气腿安装座等部件，利用该设备可有效解决因人工使用风镐挑顶维护顶板搭设平台高架作业的危险隐患。

二、成果内容

1.成果背景

梅花井煤矿在日常巷道挑顶维护时，通常采用搭设平台人工使用风镐进行作业。由于设备自重较大，向上推动时劳动强度较大，且难以准确掌握镐头的工作位置，针对此种情况，也有安装支撑机构可上下移动的风镐，但此类装置存在风镐与支撑机构的连接不够牢固，且安装过程较为复杂，增加更换维修的难度。

2.基本原理

立式可伸缩风镐（如图1）包括风镐装置、气腿装置、连接装置和气动控制装置。其中风镐装置包括风镐本体以及位于下方带动其做上下往复运动的风镐气缸；位于伸缩气腿上方并带动其做上下往复运动的气腿气缸，用于安装气腿气缸的安装座；连接装置包括底板、固定侧板和连接侧板；固定侧板固定于底板的板面上，固定侧板为轴线呈竖直设置的空心圆筒结构，且其侧壁开设有条形开口；连接侧板设置于固定侧板的开口处，且与固定侧板连接；风镐气缸放置于固定侧板与连接侧板形成的空间内，气腿安装座与底板连接。采用上述技术方案，可将气腿和风镐进行有效连接，并通过压缩空气为气腿和风镐提供运转的动力。同时，将风镐装置放置于连接装置的空间内，可使风镐更加牢固可靠（如图2）。

图1　立式可伸缩风镐现场装配图

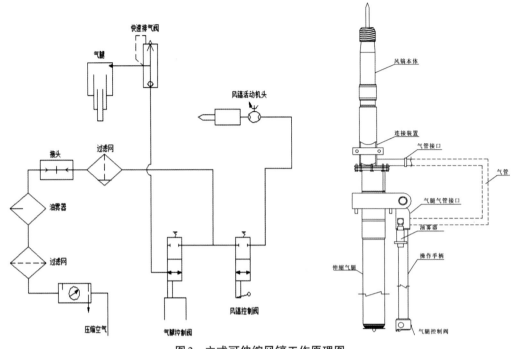

图2 立式可伸缩风镐工作原理图

3.关键技术

(1)固定侧板的板面有互相对称固定的两个螺母,外侧板上有固定连杆,连杆的两端通过螺栓与螺母连接;通过螺栓与螺母的连接方式,使得连接侧板与固定侧板之间的连接方式为可拆卸式,便于安装和更换。

(2)连接侧板的板面为弧形板结构,使得连接侧板与固定侧板所形成的空间为闭合的空心圆筒式结构,更适配于风镐气缸的形状从而使其固定得更加牢靠。

(3)固定侧板的开口处下部对称开设有内凹的通槽,将风镐气管接口的管路穿过通槽,使得风镐气管接口的位置更加牢靠,整体结构更加紧凑。

(4)气腿气管接口的外部铰接于气腿安装座上,使得装置在不使用时,操作手柄可下压收起,减少装置所占用的空间。气腿控制阀和风镐控制阀均设置于操作手柄的末端;通过将操作手柄沿着气腿安装座转动的方式来控制阀块。

三、先进性及创新性

本装置通过将气腿与风镐进行结合,可有效减少风镐挑顶维护顶板搭设平台高架作业的次数,以及人工使用风镐推进支设存在的安全隐患,风镐和气腿之间的连接更加牢固可靠,且便于安装、拆卸和更换;气动控制过程更加便捷,易操作;整个装置的结构更紧凑,占地面积更小。

四、成果运行效益

通过对立式可伸缩风镐的设计和使用,实现废旧设备再利用,可以使巷道的日常挑顶维护更加简便,能有效减少工作人员的劳动强度,使员工的作业过程更加安全、准确、高效。

五、成果运用及效果评价

利用该设备有效减少了因人工使用风镐挑顶维护顶板搭设平台高架作业的次数,以及人工使用风镐推进支设造成的安全隐患,目前已在梅花井煤矿推广使用。

胶带机转载点预缓冲装置的设计应用

（综掘五队）

一、成果简介

本设计通过测量输送机机尾导轨上原有缓冲托架螺栓固定眼位及输送带成槽宽度，加工制作"U"形缓冲器托架，通过在搭接点布置五组预缓冲装置，以此代替缓冲托辊，构成一组缓冲床，从而降低大块煤矸落料时对传送带的冲击。

二、成果内容

1.成果背景

梅花井煤矿综掘工作面以配套胶带机的形式形成主运输系统，胶带机搭接点高度通常在1.0~1.5 m的范围内，由于搭接点胶带机落差高度太大，卸载大块煤矸岩时对机尾搭接点的输送带及缓冲床损伤较大。因此，缓冲托辊在重负荷下损耗速度快，更换频繁，材料费用支出较大。

2.基本原理

根据输送机机尾导轨上原有螺栓固定眼位，加工制作"U"形缓冲器托架，在缓冲器托架两端槽钢切割出安装合金缓冲器的伸缩活动通槽。将原缓冲托架更换为"U"形缓冲器托架并安装于机尾导轨上，再在"U"形缓冲器托架上加装预应力合金缓冲器。将预应力合金缓冲器两端伸缩活动套固定在缓冲器托架上，由两端调节螺栓调节缓冲器使其与输送带带面均匀接触。通过在输送带搭接点布置五组预应力合金缓冲器及缓冲托架代替缓冲托辊，构成一组缓冲床，从而降低大块煤岩落料时对输送带的冲击（如图1）。

图1 预应力缓冲床现场装配图

3.关键技术

（1）将输送机机尾原有缓冲托架更换为U形缓冲器托架；

（2）在U形缓冲器托架上加装预应力合金缓冲器；

（3）在搭接点布置五组预应力合金缓冲器代替原有缓冲托辊。

三、先进性及创新性

1.预应力合金缓冲器与胶带均匀接触，可实现随着物料对胶带的冲击与输送带一起升降，能有效地支撑胶带，起到缓解冲击的作用。原有缓冲托辊与缓冲托架因自身结构缺陷，对传送带及缓冲架受力较大，长时重负荷落料会造成对传送带的损坏及缓冲托架的变形。

2.尖锐物料冲击时，在减冲器作用下会及时回弹卸力，可防止击穿输送带，避免胶带撕裂事故。相比原有缓冲托辊，进一步降低了胶带撕裂事故的发生。

3.预应力缓冲床具有成槽性好的特性，随输送机运量及落料量的变化，缓冲器与输送带的槽型也可即时调整，可有效防止物料散落、撒渣等情况，可减少员工人工作业量。

4.预应力缓冲床可以有效清除胶带附着物，将毛絮、浮渣等在缓冲床处进行过滤，可有效减轻托辊以及滚筒的磨损。

5.预应力缓冲床两端的伸缩活动套将缓冲器轴头支撑，通过紧固轴头两端螺栓调节矫正胶带机跑偏，可有效减轻对输送带的磨损。

四、成果运行效益

该装置可极大提高综掘工作面生产效率，减少胶带机转载点缓冲托辊及缓冲托架的更换频次及材料费用支出。每次减少更换缓冲托辊按照3组计算，一月更换一次，3组/月×350元/组×12月=12 600元。这一项每年可节省材料费12 600元。应用预应力缓冲装置后，使得胶带机转载点运行更加稳定可靠。

五、应用效果评价

预应力缓冲床的设计与应用，可以有效地降低胶带机撕裂事故的发生。现已在梅花井煤矿综掘工作面推广使用。

可伸缩胶带机机尾滑靴连体装置的设计应用

（综掘五队）

一、成果简介

本装置通过在原有机尾导轨上固定两组滑靴连体装置,将每组滑靴连体装置采用刚性连接,可有效降低因胶带机尾下陷而造成的拉移阻力。通过对可伸缩胶带机机尾滑靴连体装置的研究与应用,可有效解决梅花井煤矿综掘工作面拉移机尾时带来的不便和困扰。

二、成果内容

1. 成果背景

梅花井煤矿综掘工作面随掘进延伸,胶带机机尾需要每天进行拉移延接胶带机,由于机尾及其电气平台本身自重较大,使得在遇泥化或坑洼底板条件下,综掘机拉移机尾时阻力较大,拉移困难且易出现连接装置脱落断裂、机尾倾斜侧翻,存在较大安全隐患。此外,在拉移机尾的过程中机尾滑靴对巷道底板的二次破坏较大且导轨会将底板淤泥积渣翻起,阻塞胶带机机尾底部托辊,增加了人工的清渣量,导致每次拉移胶带机尾耗时较长,严重影响工作面正常生产。

2. 基本原理

在原厂胶带机机尾独立设置的每组滑靴上加装连体装置。连体装置包括底板,呈长方板状,其上从前往后顺次固定设置前筋板、第一滑靴固定前板、第一滑靴固定后板、第二滑靴固定前板、第二滑靴固定后板及后筋板;通过设置前一连体装置的前筋板和后一连体装置的后筋板相匹配且固定连接,将相邻的连体装置连接成整体。

通过设置连体装置及在其上固定设置第一滑靴、第二滑靴,并将相邻的连体装置连接起来,增大了机尾底部的附着面积及平整度,降低了拉移机尾时的阻力,消除了因滑靴卡阻导致运输机与机尾之间的连接装置脱落断裂、机尾倾斜侧翻等安全隐患,同时无须人工清理机尾底部的淤泥积渣,减少了人工作业量,提高了作业效率和经济效益(如图1)。

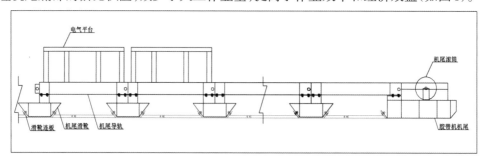

图1　滑靴连体装置结构示意图

图 2　滑靴连体装置现场装配图

3.关键技术

将可伸缩胶带机机尾两侧的滑靴使用钢板连成一体,增大了滑靴与底板的接触面积,减小了机尾对底板的压强,可有效减少在拉移机尾时的工作阻力(如图 2)。

三、先进性及创新性

通过对综掘工作面可伸缩胶带机机尾滑靴连体装置的改进,当其中一组连体装置出现问题时,可以拆卸换新;第一滑靴底脚两侧分别与第一滑靴固定前板、第一滑靴固定后板固定连接;第二滑靴底脚两侧分别与第二滑靴固定前板、第二滑靴固定后板固定连接。可有效降低员工劳动强度,大大减少拉移机尾损耗的时间。

四、成果运行效益

通过对机尾滑靴连体装置的改造及应用,可以有效减小设备的整体维护成本,同时节省检修时间,可使每循环节约出 1 h,每班节省时间 2 h,每天可多掘进 2 个循环。

按照一个循环 2 000 元,每月(按 30 天计算)可收益 30×2×2 000 元=120 000 元。同时使用该液压吊带装置替代起吊等环节,也可大大地提高了组装胶带机机架安全系数。

五、应用效果评价

通过对机尾滑靴连体装置的改造及应用,有效降低了拉移机尾时的阻力,消除了因滑靴卡阻导致机尾连接部件脱落断裂以及机尾倾斜侧翻等安全隐患。目前已在梅花井煤矿推广应用。

单巷长距离综掘工作面供电系统的布置优化升级

（综掘五队）

一、成果简介

通过对长距离巷道掘进供电系统中存在的问题进行研究,采用专用线路和专用电源方法为综掘工作面供电,保证长距离巷道掘进施工中供电可靠性的同时也满足了生产需求。

二、成果内容

1.成果背景

根据掘进工作面施工要求,局扇必须安设在新鲜进风流中,并且实现风电闭锁、瓦斯电闭锁。但随着巷道不断掘进延伸,供电距离的不断增加,致使供电线路压降不断增大,严重时还会导致综掘机及大功率设备无法正常运行;同时由于供电距离的增加,安全监测系统电源得不到保障致使各传感器探头、瓦斯电闭锁功能失效,存在较大安全隐患。基于此,通过对井下供电系统进行针对性改造,有效解决了这一问题。

2.基本原理

在梅花井煤矿111801回风巷长距离掘进工作面供电系统布置优化中,采用安全监测电源线路"并联电压拖动法",同时为局扇主、备机布置专用电源,实现掘进工作面特有的双风机、双电源、风机自动切换、风电闭锁及瓦斯电闭锁等特点。工作面供电电源取自高爆负荷侧,采用高压供电,终端使用移动变电站降压,采用高电压主线与低电压分支相结合就近供电的方式,从而保证了各种设备频繁启动时仍然可以保持良好的供电质量,降低对整个供电系统的冲击,不会给其他设备带来影响,为单巷长距离综掘工作面供电系统的安全可靠提供了保障(如图1)。

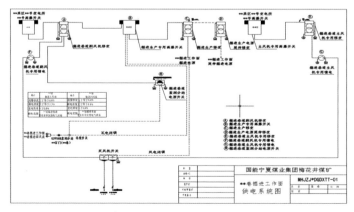

图1 工作面供电系统示意图

3.关键技术

在工作面风电、瓦斯电闭锁功能成功实现、掘进设备逐渐推进延伸的过程中,根据设备运行中短路电流、电压损失、电缆铺设过长时允许电流的条件限制,采用高压供电,高压电缆向前延伸,移动变电站向掘进迎头倒替,缩短低压供电距离,终端使用移变降压,高电压主线与低电压电缆分支相结合的方式就近供电。

三、先进性及创新性

本技术使得掘进工作面各个机电设备均能够获得更加稳定的电压,同时对于过流保护装置来说,也具有更好的灵敏性。采用上述长距离供电的模式,进一步简化巷道电缆布设工作,为大功率先进设备的试验应用及快速掘进提供了保障。

四、成果运行效益

通过对井下供电系统的升级改造,系统性地解决了长距离掘进巷道主副风机及风电闭锁、瓦电闭锁的安全可靠及实现主副风机自动切换功能。同时通过对井下单巷长距离综掘工作面进行供电系统的布置优化升级,使得井下供电系统更加稳定可靠,大大降低了设备故障率。

五、应用效果评价

自掘进工作面供电系统升级改造后,在各种设备频繁启动的情况下供电质量仍保持良好,设备运行正常,因此已在梅花井煤矿各工作面推广应用。

管路多功能快速连接阀的研究与应用

（综掘五队）

一、成果简介

多功能快速连接阀,采用卡箍式快速接头结构,以 DN100 对夹蝶阀为主体,在阀门一端设计两个 KJ25 接口;该装置结构简单、体积小、质量轻、操作便捷。通过对多功能快速连接阀的研究与应用,可有效解决传统综掘工作面连接供水管路带来的不便和困扰。

二、成果内容

1.成果背景

根据综掘工作面供排水要求,DN100 供水管路每隔 200 m 安装一个闸阀,每次延伸、连接供水管路时,都要关闭距离管路末端最近的一个闸阀,拆卸管路末端堵头,待关闭闸阀至管路末端段供水管路内存的水流淌完毕后,方能延伸连接管路。传统工艺及缺点有:

（1）DN100 闸阀接口两端采用法兰盘连接,闸阀体积大,质量重,连接繁琐,使用不便,且容易被巷道内行驶的车辆碰撞;

（2）易造成水资源浪费;

（3）造成工作面底板因流水造成泥化、积水,影响文明生产;

（4）导致工作面迎头因停水而无法进行打眼支护;

（5）造成工时浪费,影响和制约掘进效率;

（6）为了满足每隔 50 m 设置一处消防洒水三通的要求,需要加工制作 DN100 变 DN50 的三通并安装球形截止阀,三通和截止阀的丝扣容易因锈蚀等原因造成损坏而无法使用。

2.基本原理

阀体与管路连接两端采用与供水管路一样的卡箍式快速接头结构,以 DN100 对夹蝶阀为主体,在对夹蝶阀两端焊接 DN100 钢管,在阀门远端的钢管上开孔并焊接两个 KJ25 直通并安装球形截止阀,以满足工作面迎头掘进支护和消防洒水使用,蝶阀开关柱采用四方手柄结构,操作简单。

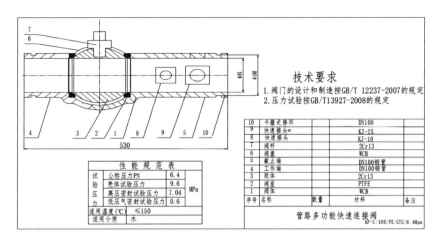

图1 多功能快速连接阀设计图

图2 多功能快速连接阀现场使用效果图

3.关键技术

通过对多功能快速连接阀地应用,每次延伸连接供水管路时掘进工作面不需要停水,工作面打眼和支护作业以及其他用水作业均不受延伸供水管路的影响(如图2)。

三、先进性及创新性

1.管路多功能快速连接阀结构简单、体积小、质量轻,可有效避免被巷道行驶车辆的碰撞。蝶阀开关柱采用四方手柄结构,操作方便、快捷。

2.使用快速连接阀,在延接管路时,只需要关闭管路末端的快速连接阀阀门,无需泄放供水管路内的水,从而杜绝因延接管路放水造成综掘工作面底板泥化和积水。其次,在延接管路时,工作面不需要停水,不会对正常的打眼和支护作业产生影响,提高了工时利用率的同时也提高了掘进效率。

3.满足了对工作面消防洒水设置的要求,每隔50 m延伸连接一次供水管路,无需加工制作三通和安装 DN50 的球形截止阀,避免了因阀门连接丝扣滑扣、锈蚀损坏等失效形式而漏水和无法使用,提高了可靠性,同时也节省了加工制作材料及人工浪费。

四、成果运行成本

以长度为 4000 m 的掘进巷道为例(每掘进 50 m 延伸连接一次管路),共计需投入 80 个管路多功能快速连接阀,减少因延伸连接供水管路等待供水时间约 120h(每次因延伸连接供水管路停水 1.5 h);不停水连续掘进,120 h 可多掘进巷道约 100 个循环距;杜绝因泄放管路内残存积水造成巷道底板泥化,避免因巷道积水而额外增加清理文明生产的投入。

五、应用效果评价

管路多功能快速连接阀使用后,一次性解决了诸多因延接供水管路的缺点,又可以杜绝水资源浪费,使用效果良好,管路多功能快速连接阀已在梅花井煤矿所有掘进工作面推广使用。

胶带机机尾可升降滑靴装置的研究与应用

（综掘五队）

一、成果简介

可升降滑靴装置通过将导轨与滑靴分为两部分，实现每组导轨与滑靴的灵活升降，优化了在复杂条件下的胶带机机尾调平找正及延伸工作，极大地减轻了机尾调平工作的劳动强度，保证了安全作业。

二、成果内容

1.成果背景

梅花井煤矿综掘工作面胶带机机尾每天需要拉移延伸，通常导轨与滑靴是一个整体，遇有高低起伏、底板倾斜、底板泥化严重时，存在机尾电气平台倾斜侧翻、胶带机撕裂等安全隐患，并且机尾调平工作非常困难，通常需要人工使用千斤顶将机尾导轨整体抬起后垫设料石或道木进行调平找正，安全系数低且费工费力。

2.基本原理

可升降滑靴装置通过将每组导轨与滑靴分为两部分，当巷道底板左右倾斜或高低起伏时，可调节胶带机机尾左右每节导轨支撑的滑靴高度进行调平找正，调节高度合适后，可在每节滑靴的调节眼位穿过固定销，从而优化胶带机机尾调平及延伸工作，极大地减轻机尾调平工作的劳动强度，有效保证了安全作业（如图1）。

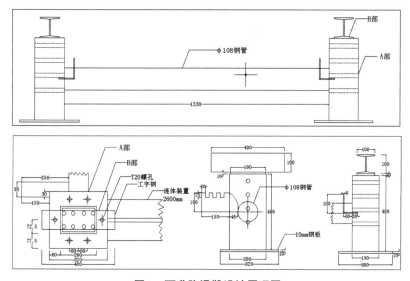

图1　可升降滑靴设计原理图

图2 可升降滑靴现场装配图

3.关键技术

胶带机机尾的每节导轨与滑靴均为分离活动式,可实现任意调节前后、上下高度以此实现对机尾调平找正的工作;进一步将机尾重量分散到多个点,优化了在巷道复杂条件下的胶带机机尾调平及延伸工作,极大地减轻机尾调平工作的劳动强度,保证了安全作业(如图2)。

三、先进性及创新性

可升降滑靴装置结构简单,便于操作,胶带机机尾的每节导轨与滑靴均为分离活动式,可实现任意调节前后、上下高度对机尾进行调平找正,进一步将机尾重量分散到多个点,解决了胶带机机尾由于太重难以调平找正的问题,避免了因使用千斤顶抬升机尾导轨引发伤人事故,同时也提高了劳动效率。

四、成果运行效益

使用此装置后,可以节省对机尾调平找正的时间,从而实现对巷道掘进速度的提升,同时节省成品机尾滑靴设备费用8万元,减少因机尾导轨调平找正垫设料石及道木材料费用支出,杜绝因机尾调平找正困难而引发的安全事故。

五、应用效果评价

使用了胶带机机尾可升降滑靴装置后,保证了机尾的平整度且能随时轻松调整,降低了劳动强度,提高作业安全系数,在现场应用中效果良好,目前已向全矿推广使用。

综掘机电缆拖拉装置的设计应用

（综掘五队）

一、成果简介

通过在胶带机机尾导轨上加装电缆槽,使用电缆夹板将电缆及供、排水胶管固定在电缆槽内,另在综掘机二运机头小车回转架上加装电缆牵引导向装置。电缆自动拖拉装置使用后可以进一步保证安全生产。

二、成果内容

1.成果背景

综掘工作面综掘机供电电缆通常采用钢丝绳张紧后盘圈吊挂实现电气平台与综掘机二运间的前移后退,但由于井下空间及地质条件的限制,拖拉电缆钢丝绳张紧柱会经常剐蹭风筒,遇有巷道起伏时拖地电缆经常被大块矸石砸伤或拖地损坏而影响生产,同时钢丝绳吊挂电缆也存在断绳伤人的安全隐患。

2.基本原理

通过在机尾导轨上加装电缆槽,使用电缆夹板将电缆及供排水胶管固定在电缆槽内;在综掘机二运机头小车回转架上加装牵引导向装置,随着综掘机移动,二运机头回转台带动电缆夹板往返伸展,保证了综掘机电缆、信号线、供排水胶管的完好性,同时安全生产得到保证。

1—牵引导向装　　2—二运机头回转架　　3—行走筐体　　4—电缆夹板

图1　电缆拖拉装置现场装配图

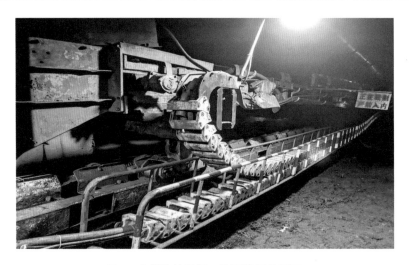

图2　电缆拖拉装置工作面使用效果图

3.关键技术

通过在综掘机二运机头小车回转架上加装牵引导向装置,随着综掘机移动,二运机头回转台带动电缆夹板往返伸展,综掘机电缆、信号线始终在电缆夹板的保护下往返伸展,同时使综掘机二运行程段节省出更大空间,保证各系统正常运行(如图1、图2)。

三、先进性及创新性

综掘机电缆拖拉装置由综掘机二运机头小车回转架上牵引导向装置对电缆夹板进行定位,综掘机电缆、信号线、供排水胶管在行走筐体内保证往返伸展轨迹的可靠性;综掘机电缆、信号线、供排水胶管由电缆夹板整体防护,延长了使用寿命;综掘机二运行程段节省出更大空间,保证各系统正常运行。

四、成果运行效益

使用电缆拖拉装置后可节省电缆、供水胶管频繁磨损后更换维护材料费用,同时也优化了综掘工作面人员配置。可以规避原来使用的钢丝绳张紧电缆托架断绳伤人的安全风险。

五、应用效果评价

综掘机电缆拖拉装置在使用期间运行稳定,电缆弯曲伸展系数满足工作面施工需要,使用效果良好。目前已在梅花井煤矿掘进工作面推广使用。

多功能液压起吊装置的研究与应用

（综掘五队）

一、成果简介

多功能液压起吊装置使用手动液压油缸作为起吊装置动力源,同时此装置的起吊点可实现360°旋转,且在底部设置四个利用高强度聚丙烯材料制成的滑轮,具有操作简便,省时省力,可适用于井下多种工作场景。

二、成果内容

1.成果背景

梅花井煤矿综掘工作面掘进施工时,现在普遍使用胶带机作为主要运输方式,在日常检修作业中需及时更换损坏托辊及胶带机调平作业。传统方式采用打设起吊锚杆使用倒链配合进行起吊更换,或者采用在横梁底部打设液压千斤顶的方式来进行作业,这两种方法不仅会大量耗费作业人员的体力,同时也存在液压千斤顶打滑、吊挂不稳导致人员受伤的安全隐患。由于现在综掘工作面管路敷设类次较多,且延接管路时难度较大,加之管体本身自重较大,人员抬运过程中会大量耗费体力,且人员搬运过程中存在较大安全隐患,致使延接风水管路效率低,还会严重影响检修时间。基于此,综掘五队经过长时间的理论验证及反复实践,制作出一种可应用于多种场景下的多功能液压起吊装置来减轻人员操作负担。

2.基本原理

多功能液压起吊装置(如图1)使用手动液压油缸作为本装置的顶升及提拉动作的动力源,同时在整个装置底部四个底角位置各安装一个用高强度聚丙烯为原材料制成的滑轮作为整个装置的行走机构,且在位于人员推行侧的滑轮加装刹停装置,使得人工将其推至指定位置后可以人工将行走机构锁死,确保其在人员作业过程中不会产生滑动、停放不稳的问题,因此此装置具有较强的安全性。在制作过程中充分考虑到多种工作环境下所需承载的重量及机械臂的强度,同时整体装置具备充分的灵活性及可靠性,装置本体使用了高强度钢材作为机械臂加工原材料,确保多功能液压起吊装置可以适应井下多种工作环境并且拥有一个较长的使用寿命。

图1 多功能液压起吊装置现场使用图

3.关键技术

(1)使用手动液压油缸作为本装置机械臂顶升、提拉动作的动力源;

(2)在整个装置底部四个底角位置各安装一个用高强度聚丙烯为原材料制成的滑轮作为整个装置的行走机构,且在位于人员推行侧的滑轮加装刹停装置;

(3)装置本体使用了高强度钢材作为机械臂加工原材料。

三、先进性及创新性

多功能液压起吊装置结构简单,操作方便,可有效避免操作人员在更换托辊、延接管路、起吊纵梁调平H架,以及对胶带机进行调平找正作业过程中会消耗大量体力且存在较大安全隐患的问题,同时也可大量节省作业时间,使钳工可以将有限的时间和精力投入到设备的检修中,为设备稳定运行确保正常生产提供了可靠保障。

四、成果运行效益

综掘五队在使用多功能液压起吊装置后,只需2人配合便能延接管路以及更换托辊,优化了综掘工作面人员配置,同时能够缩短钳工作业时间,使其可以将各更多的精力投入到掘进大型设备的检修作业中,为正常生产接续提供了有力的保障。此外,此装置最大的效益是极大地提高了员工作业安全系数,能够有效保证员工作业过程中的人身安全。

五、应用效果评价

使用多功能液压起吊装置后有效降低了员工劳动强度,同时确保员工作业过程中的安全,使用后效果非常明显,目前已在梅花井煤矿推广使用。

PIB系列开关保护器维修平台的设计应用

(机电队)

一、成果简介

PIB系列开关保护器维修平台由变压器、指示灯、按钮、接触器、空气开关等组成,使用降压变压器将220V电压转变为36V电压,为保护器维修提供了一个安全便捷的平台,提高了保护器维修的效率,保证了保护器维修的安全性。

二、成果内容

1.成果背景

梅花井煤矿井下临时水仓有大量的南京双京QJZ2系列磁力启动器,其PIB系列保护器易发生故障。为了降本增效,需要对旧保护器进行维修,但是维修旧保护器时需要在开关上接入电压等级为1 140V临时电源,带电检修,既不安全,效率又不高。

2.基本原理

从旧开关上拆下变压器、指示灯、按钮、接触器、空气开关等元件,将这些元件固定在绝缘板上,用导线连接好,组成1套开关保护器维修平台(如图1所示)。维修电源采用AC220V,经过变压器变为AC36V,保护器即插即用,既安全,又便捷,提高了维修效率。

图1 PIB系列开关保护器维修平台

3.关键技术

利用从旧开关上拆下的变压器、指示灯、按钮、接触器、空气开关等元件组成磁力启动器控制回路,构成1套试验检测装置,维修电源为AC36V,直接将保护器插上就可以检修,方便便捷,更加安全,避免了带电检修磁力启动器带来的不便和安全风险。

三、先进性及创新性

PIB系列开关保护器维修平台由旧元件拆解组成,价格低廉;将高电压转变为36V低电压对PIB系列开关保护器进行维修,提高了维修的安全性;保护器即插即用,插上就可以进行检修作业,更加安全和便捷。

四、成果运行效益

在梅花井煤矿使用PIB系列开关保护器维修平台检修保护器后,避免了使用1140V临时电源带电检修PIB系列开关保护器,保证了检修PIB系列开关保护器的安全性,提高了检修效率,每年可节约费用约20万元,达到了一举多得的目的。

五、应用效果评价

利用该装置维修PIB系列开关保护器,提高了检修效率,增加了检修作业的安全性,实际使用效果良好,目前已在梅花井煤矿中投入使用,可在宁夏煤业公司推广使用。

副立井井口房自感应大门改造

（机电队）

一、成果简介

副立井井口房自感应大门能感应人员、车辆到来，自动开启和关闭，并具有防夹功能，消除了原有的卷帘门升降缓慢、需要人工操控等缺陷。

二、成果内容

1.成果背景

副立井井口房原有的卷帘门升降缓慢，且发生了变形，时常损坏，维修频繁。车辆进出副立井井口房，卷帘门升降缓慢，大量冷风进入井筒，易造成井筒内结冰。车辆进出井口房需要专人负责升降卷帘门，出现人为失误后，不能自动纠正。

2.基本原理

副立井井口房自感应大门由电控箱、大门、齿条导轨、减速电机、微波传感器、霍尔传感器、红外线对射传感器组成，微波检测传感器检测门口3 m范围内的活动物体，给出开启信号，霍尔传感器检测门是否开关到位，红外线对射传感器在关门时检测门中间是否有人或物（如图1）。

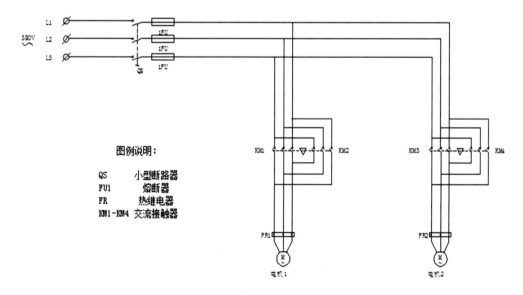

图例说明：

QS 小型断路器
FU1 熔断器
FR 热继电器
KM1-KM4 交流接触器

图1 副立井井口房自感应大门电气原理图

图2 副立井井口房自感应大门配电控制箱

3.关键技术

副立井井口房自感应大门由电控箱、大门、齿条导轨、减速电机、微波传感器、霍尔传感器、红外线对射传感器组成,可自动感应人员、车辆到来,能快速自动开关,并具备防夹功能(如图2)。

三、先进性及创新性

副立井井口房自感应大门的微波检测传感器检测门口3 m范围内有人员、车辆后,大门自动开启,开到位时霍尔传感器闭合,电机停止,延时5 s并且检测不到门口3 m范围内有人员、车辆,大门自动关闭,当门口有人或物体时,大门停止关闭,起到防夹作用。

四、成果运行效益

使用副立井井口房自感应大门与采购成品相比较,副立井井口房自感应大门的改造可节省设备及材料费用4.5万元,提高了井口房门车辆和人员的进出速度,避免了冬季的寒风直接进入井筒,造成井筒内结冰,增强了冬季井筒运行的稳定性和人员进出的安全性。

五、应用效果评价

副立井井口房自感应大门投入使用以来,人员、车辆进出时间大幅度缩短,不需要专人操作,消除了原有的卷帘门启闭缓慢、需要人工操控等缺陷,也避免了冬季冷风进入井筒造成结冰,应用效果良好,可以在宁夏煤业公司推广使用。

立式风门液压驱动装置的设计应用

（机电队）

一、成果简介

将立式风门的驱动方式由传统的绞车牵引方式改为液压油缸驱动方式,通过液压油缸的伸缩实现立式风门的打开或关闭,解决了立式风门下落时卡阻需要借助外力的问题。

二、成果内容

1.成果背景

主通风机立式风门的打开或关闭由风门绞车带动钢丝绳实现,但是立式风门在长期使用后会发生变形。切换主通风机时,立式风门因变形下落时卡阻,需要使用手拉葫芦向下拉才能关闭风门,费时费力,且不可靠。

2.基本原理

切换主通风机时,PLC给控制开关合闸信号,启动液压站,PLC再控制阀组动作从而控制液压缸的伸缩(如图1),实现立式风门的打开或关闭。

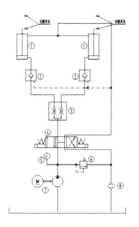

1.液压油缸
2.液控单向阀
3.同步阀
4.电磁换向阀
5.压力表
6.溢流阀
7.电机泵组
8.过滤器

图1 液压系统图

图2 现场实物图

3.关键技术

立式风门液压驱动装置由液压站、液压油缸、矿用隔爆兼本质安全型控制开关、油缸底座及固定架和油缸与风门之间的连接杆组成(如图2),液压站所有阀集中安装在一个油路集成块上,阀组和液压油缸间用高压胶管相连。

三、先进性及创新性

将立式风门的驱动方式由传统的绞车牵引方式改为液压油缸驱动方式,通过液压油缸的伸缩实现立式风门的打开或关闭,能够实现切换主扇时不需要专人操作风门,提高了切换主扇的工作效率,保证了切换主扇的安全性。

四、成果运行效益

立式风门液压驱动装置投入后,可优化作业地点人员配置结构,切换主通风机时减少操作风门的人员 2 人,每年可节约人工成本 22 万,且提高了主通风机运行的可靠性,保障了矿井的通风安全。

五、应用效果评价

立式风门液压驱动装置投用以来,解决了立式风门下落时卡阻需要借助外力的问题,不仅安全可靠,而且使用效果良好,也为主通风机远程一键切换奠定了基础,目前已在梅花井煤矿投入使用,可在宁夏煤业公司推广使用。

弱磁无损检测技术在立井钢丝绳检测中的应用

(机电队)

一、成果简介

钢丝绳在线监测系统能够对运行中的钢丝绳进行在线监控,消除了人工测量的缺陷,能够及时检测到钢丝绳存在的问题和隐患,保障了副立井提升运输的安全。

二、成果内容

1.成果背景

副立井提升钢丝绳的作用至关重要,每天由专职人员用游标卡尺对钢丝绳进行测量、外观检查,但是人工检测存在缺陷,钢丝绳内部的断丝很难被发现。

2.基本原理

钢丝绳在线监测系统由钢丝绳性能检测装置、钢丝绳行程计量装置、二级工作站、控制报警器和主站工控机五部分构成(如图2),应用弱磁检测技术,对钢丝绳及周围空间内磁场的矢量态势随钢丝绳的运行而发生的变化以及其运动规律进行研究,然后检测钢丝绳绳体上剩余的磁信号。系统通过判别钢丝绳的有效横截面积的基准量和变化量,并以此为依据,判断钢丝绳的剩余承载能力,得出钢丝绳安全应用情况(如图1)。

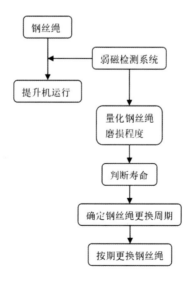

图1 钢丝绳检测流程图

图2　现场实物图

3.关键技术

弱磁检测法对钢丝绳的损伤情况进行检测,该技术能够在线检测被检钢丝绳的断丝、锈蚀、疲劳、磨损等各种损伤。

三、先进性及创新性

钢丝绳在线监测系统对钢丝绳的磨损程度进行了量化处理,达到对设备运行高效控制的目的。通过系统传感器获得参数后,能够准确地判断钢丝绳的磨损程度,判断钢丝绳的使用寿命,能够保证钢丝绳的安全运行。

四、成果运行效益

钢丝绳在线监测系统投入使用以来,其集中管控模式,可有效监测钢丝绳的安全运行情况,并且减少了检测钢丝绳的检修工,可优化日常生产组织过程中的人员配置,保证了员工作业过程中的安全,有力地保障了副立井提升运输的安全。

五、应用效果评价

钢丝绳在线监测系统消除了人工检测钢丝绳的缺陷,也避免了因钢丝绳磨损发生提升运输事故,确保了副立井提升机的安全可靠运行,应用效果良好,可在宁夏煤业公司推广使用。

水仓水位声光报警装置的改造

（机电队）

一、成果简介

水仓水位声光报警装置由不锈钢浮球水位计、防爆箱、指示灯、防爆电铃、本安接线盒等组成。该装置结实耐用，灵敏可靠，解决了电极式水位计易锈蚀、寿命短、误动作等问题。

二、成果内容

1.成果背景

井下水泵房使用电极式水位计实现高低水位报警功能，但是电极式水位计在矿井水中因电解效应容易发生锈蚀，最长时间能用一个月，而且容易出现误报警，不便于进行日常试验。

2.基本原理

水仓水位声光报警装置将电极式水位计改为不锈钢浮球水位计，重新设计电路并制作电路板（如图2所示），电源模块将 AC 127 V 转 DC 24 V，为整个电路板供电，不锈钢浮球水位计触点的开关探知水位的高低，延时继电器控制防爆电铃的响铃和报警灯的闪烁(如图1)。

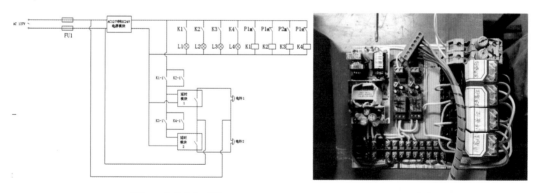

图1　电气原理图　　　　　　图2　现场电气实物图

3.关键技术

水仓水位声光报警装置的水位计结实耐用，不易被腐蚀，动作灵敏可靠，声光报警信号声音响亮、光线明亮，日常试验更方便。

三、先进性及创新性

水仓水位声光报警装置使用机械式的不锈钢浮球水位计工作更稳定可靠，结实耐用，解决了电极式水位计易锈蚀、寿命短、误动作等问题,自安装以来工作稳定,未出现一次误报警,且便于日常试验。

四、成果运行效益

通过对水仓水位声光报警装置的改造,降低了成本,每年节约材料费约18万元,现场运行可靠,声光报警灵敏可靠,运行稳定,结实耐用,日常做高低水位试验也很方便,避免了出现高警戒水位而水泵工不知情的情况,杜绝了低警戒水位而水泵依旧运行的情况,消除了电极式水位计的不耐用、误报警等问题,保障了矿井的排水安全。

五、应用效果评价

水仓水位声光报警装置经现场运行,使用效果良好,稳定可靠,结实耐用,为矿井排水系统提供了安全保障,且使用过程中未出现一次误报警,日常试验灵敏可靠,可在宁夏煤业公司推广使用。

职工浴室水箱自动补水装置的设计应用

（机电队）

一、成果简介

职工浴室水箱自动补水装置由不锈钢水浮球开关、时控开关、中间继电器、交流接触器和空气开关等组成,按照时间和水位来控制补水,彻底解决了人工补水可靠性差、资源浪费、应变不及时等问题。

二、成果内容

1.成果背景

梅花井煤矿职工浴室水箱靠人工补水,补水的时间迟了和补水量不足,职工洗浴热水就供应不足。补水过量,就会造成水资源的浪费。补水时需要登高作业,存在一定的风险。当人员集中上下井的时间发生变化时,补水作业不能随之做出调整。

2.基本原理

职工浴室水箱自动补水装置通过人员升井洗澡的时间规律,制定时控开关的吸合时间,时控开关控制中间继电器的开合,中间继电器控制交流接触器,交流接触器控制补水泵的启动,水位到达上限后,不锈钢水浮球开关断开,补水泵停止工作(如图1)。

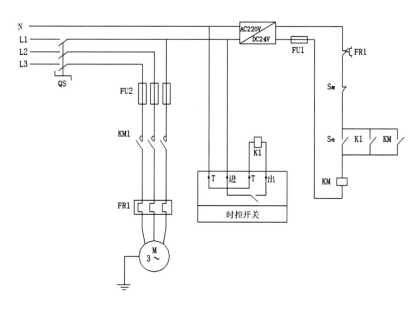

图1　电气原理图

图2　电气实物图

3.关键技术

职工浴室水箱自动补水装置通过人员升井洗澡的时间规律,制定时控开关的吸合时间,按照时间和水位来控制补水,补水及时,应变能力强,避免造成水资源的浪费(如图2)。

三、先进性及创新性

职工浴室水箱自动补水装置造价低,工作可靠,按照时间和水位来控制补水,完全替代了人工补水作业时的登高作业,提高了补水作业的安全性;当人员集中上下井的时间发生变化时,补水作业也能随之做出调整,合理自动补水。

四、成果运行效益

职工浴室水箱自动补水装置成本200元,投入使用后,可减少4个岗位工,每年节约人工成本32万元。每年可节约水资源200 m³,消除了人工补水登高作业的安全缺陷,按照时间和水位来合理控制自动补水,保障了职工洗浴热水供应的可靠性。

五、应用效果评价

职工浴室水箱自动补水装置投入使用后,使用效果好,补水稳定可靠,从未发生过补水不及时和水资源浪费。

主通风机低压双回路电源快速切换装置的设计应用

（机电队）

一、成果简介

主通风机低压双回路电源快速切换装置将切换时间缩短至0.1 s,达到低压双回路电源快速切换、无缝连接的效果,消除了主通风机切换中发生意外断电而超时的隐患。

二、成果内容

1.成果背景

立式风门液压站和PLC控制电源都是单回路,切换主通风机过程中,一旦出现停电,现有低压双回路自动化转换开关将会动作,动作时间超过了0.5 s,PLC就会断电重启,恢复原有状态需要1.5～2.0 min,切换主扇的流程时间就会增加1.5～2.0 min,存在切换主通风机超时的隐患。

2.基本原理

主通风机低压双回路电源快速切换装置用2个100 A接触器(380 V)分别接两趟低压回路,控制回路通过彼此的常闭点控制(如图1)。

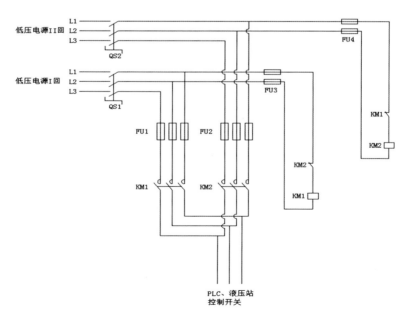

图1 电气原理图

图2　电气实物图

3.关键技术

快速切换装置利用两个接触器常闭点互锁的方法达到低压双回路电源快速切换、无缝连接的效果,使PLC不因断电而重启,从而避免了发生主通风机切换中发生意外断电而超时的情况(如图2)。

三、先进性及创新性

主通风机低压双回路电源快速切换装置的元器件数量少,造价低,实用性强,工作可靠,将双回路切换时间缩短至0.1 s,达到低压双回路电源快速切换、无缝连接的效果,满足了设计要求。

四、成果运行效益

主通风机低压双回路电源快速切换装置将双回路切换时间缩短至0.1 s,使PLC不断电重启,达到低压双回路电源快速切换、无缝连接的效果,从而避免主通风机切换超时,能够达到稳定切换的效果,提高了主通风机运行的可靠性,保障了矿井的通风安全。

五、应用效果评价

通过多次断电模拟试验,主通风机低压双回路电源快速切换装置运行稳定可靠,安全性能高,使用效果良好,目前在梅花井煤矿投入使用,可在宁夏煤业公司推广使用。

自制西门子S7-200 PLC教学平台

（机电队）

一、成果简介

为便于电工学习西门子S7-200 PLC方面的相关知识和实践,机电队利用旧元器件制作了1个西门子S7-200 PLC教学平台,为电工掌握PLC知识并运用到实际工作中提供了便利。

二、成果内容

1.成果背景

梅花井煤矿井下和地面的电气设备实现了远程集控,远程集控的核心部件是PLC,对电气设备的日常维护和故障排查需要电工熟练掌握PLC的理论知识和实践,这不仅需要理论学习,更需要实践,这就需要1个PLC学习平台,但是PLC学习平台成品价格昂贵,而且很多功能不适用。

2.基本原理

西门子S7-200 PLC教学平台由旧的控西门子S7-200 PLC、6070 IH型触摸屏和电源模块组成,搭配直流电机(DC 24 V)、按钮、拨动开关、限位开关和排线插排,以绝缘板为基础,分别加以固定(如图2),经调试,能完成自动化排水试验,具备触摸屏上监视水位、水泵自动启动和停止、按钮启动和停止水泵等功能(如图1)。

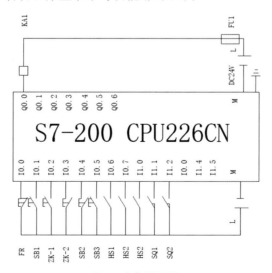

图1　电气原理图

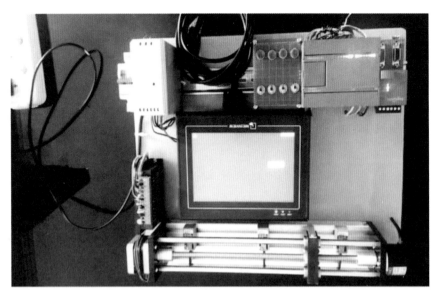

图2 电气实物图

3.关键技术

西门子S7-200 PLC教学平台由旧元器件组成,电工可在该平台上完成PLC程序上传、下载,并对程序进行调试,便于教学和学习实践(如图2)。

三、先进性及创新性

自制西门子S7-200 PLC教学平台由旧的控西门子S7-200 PLC、6070 IH型触摸屏和电源模块组成,搭配直流电机(DC 24 V)、按钮、拨动开关、限位开关和排线插排等组件,制作成本低,功能齐全,能做自动化排水试验,具备触摸屏上监视水位、水泵自动启动和停止、按钮启动和停止水泵等功能,为电工掌握PLC知识并运用到实际工作中提供了便利,且随身携带方便,便于学习使用。

四、成果运行效益

相比采购1个PLC学习平台,自制西门子S7-200 PLC教学平台可节约14400元,每年利用业余时间可以培训6名电工熟练掌握PLC的理论知识和实践,可节约培训费24000元,并且该教学平台功能齐全、携带方便,为电工掌握理论知识和实践提供了大量帮助。

五、应用效果评价

西门子S7-200 PLC教学平台投入教学实践后,电工掌握PLC相关理论知识的速度明显加快,判断和处理故障的速度明显提高,应用效果良好,可在宁夏煤业公司推广使用。

EBZ-200型综掘机铲板的优化设计应用

（生产服务中心）

一、成果简介

EBZ-200型综掘机原铲板宽度为3.6 m，现将铲板改造为5 m宽，并在两个加宽的侧铲板处各安装一个小耙爪，解决了一次性出渣问题，提高了掘进效率。

二、成果内容

1.成果背景

因EBZ-200型综掘机铲板原有宽度为3.6 m，由于梅花井煤矿掘进巷道宽度大于5 m，综掘机在掘进过程中不能一次性出渣，要反复进退将巷道浮煤进行有效清除，影响掘进效率。

2.基本原理

将原有宽度为3.6 m铲板两边各加宽700 mm，改装后铲板总宽度为5 m，在加宽铲板部安装小耙爪，利用液压马达带动小耙爪将巷道两边的浮煤推到主耙爪处，由主耙爪把浮煤集中后全部将煤运走，解决一次性出渣问题（如图1）。

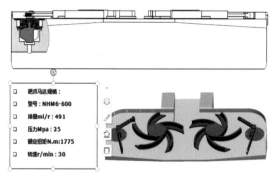

□ 耙爪马达规格：
□ 型号：NHM6-600
□ 排量ml/r：491
□ 压力Mpa：25
□ 额定扭矩N.m：1775
□ 转速r/min：30

图1 加宽铲板示意图

图2 加宽铲板小耙爪安装图

3.关键技术

将掘进机侧铲板加宽，并在左右两侧加宽的铲板部位各安装一个马达和一个小耙爪，实现巷道全断面一次性出渣（如图2）。

三、先进性与创新性

本设计将综掘机3.6 m铲板加宽为5 m后，利用液压马达带动小耙爪和主耙爪将巷道浮煤一次性清理干净。

四、成果运行效益

该装置的实施,解决了综掘机在掘进过程中一次性清理巷道浮煤问题,提高了掘进效率。

五、应用效果评价

该装置目前试用于梅花井煤矿掘进工作面。

带式输送机机尾推煤装置的研究与应用

（生产服务中心）

一、成果简介

带式输送机机尾推煤装置，主要解决了当带式输送机转载点发生堆煤时，通过远控操作，控制油缸来回伸缩将带式输送机转载点处的积煤推散，顺利运走。该装置结构简单、工作效率较高。

二、成果内容

1.成果背景

综掘皮带转载点处经常出现大块煤卡住情况，需停机后人工处理，目前每条巷道带式输送机为集中控制，一条巷道一人负责多部带式输送机，出现卡堵时人员无法快速到现场处置，影响生产。

2.基本原理

带式输送机机尾推煤装置，采用4 kW液压泵站为动力源，以1.5 m长油缸和200 mm×500 mm推煤板为执行机构，当带式输送机尾发生堆煤时，通过远控操作，控制油缸来回伸缩将带式输送机转载点处的积煤推散，顺利解决转载点处堆煤现象。

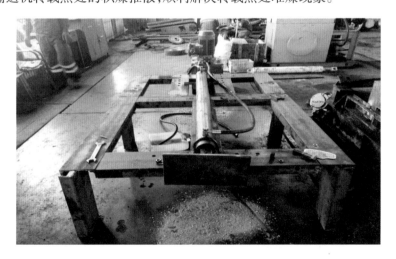

图1 推煤装置

3.关键技术

通过远控操作推煤装置，将带式输送机转载点处的积煤推散拉走，顺利解决转载点处因卡堵造成堆煤现象，确保了带式输送机安全可靠运行（如图1）。

三、先进性与创新性

本成果通过远控操作推煤装置,解决转载点卡堵问题,实现了带式输送机无人值守稳定运行。

四、成果运行效益

该装置及时将带式输送机尾转载点上的大块煤通过远控操作进行清理,杜绝了转载点卡堵现象,替换了岗位值班问题。

五、应用效果评价

带式输送机机尾推煤装置有效解决了带式输送机转载点卡堵堆煤的问题,使用效果良好,已在梅花井煤矿采掘工作面带式输送机转载点推广使用。

便携式更换托辊专用底座的设计使用

（运输一队）

一、成果简介

制作机械式可伸缩底座，用来支撑液压千斤顶，方便胶带机更换托辊，确保了作业安全，提高了工作效率。

二、成果内容

1.成果背景

煤矿日常更换托辊的数量较大，在更换托辊的过程中，由于托辊自身较重且需将输送带撑起后才能将其取出，在使用千斤顶的过程中，由于千斤伸出长度不够，需要垫木托板或料石等支撑千斤顶以满足支撑高度要求。带式输送机巷道一般较长，木托板或料石搬运极为不易，且搬运中存在较大安全隐患。

2.基本原理

利用钢管等型材制作千斤顶伸缩底座，通过底座螺杆的伸缩功能，以满足托辊更换作业中所需的各种支撑高度要求，操作非常简单。在底座上焊接有把手，方便携带和搬运。这种专用工具适用于不同型号带式输送机的托辊更换作业。

3.关键技术

可伸缩底座制作非常简单，仅需钢板、钢管、螺母、螺杆等焊接即可。图1为便携式托辊更换专用底座。

图1 便携式托辊更换专用底座

三、先进性及创新性

简化了带式输送机托辊更换作业环节,保障了作业安全,提高了工作效率。

四、成果运行效益

制作成本低,携带、搬运方便,适用于多种托辊更换场所。

五、应用效果评价

传统更换托辊作业时,作业人员为了图省事,怕麻烦,往往采取两人配合作业,一人用撬棍直接抬起胶带,另外一人更换托辊,容易因抬不稳,胶带落下挤伤人员。当胶带张得较紧,人工抬起胶带有困难时,作业人员往往临时搬运巷道内的现有物料垫起胶带,容易因物料固定不牢,胶带落下挤伤人员。且更换托辊作业费时费力,工作效率低下。采用便携式更换托辊专用底座后,既消除了传统更换托辊作业存在的诸多安全隐患,又极大地提高了工作效率。便携式更换托辊专用底座已在梅花井煤矿全面推广使用,应用效果良好。

带式输送机储带仓防跑偏立辊的设计应用

（运输一队）

一、成果简介

在带式输送机储带仓加装防跑偏立辊,极大地减少了输送带在储带仓机架、托辊等处干摩擦,损伤输送带,产生毛絮等问题,延长了输送带使用寿命,起到了预防撕带事故的作用。

二、成果内容

1.成果背景

带式输送机在实际运行中,由于储带仓内相邻层位输送带运行方向相反,常规防跑偏装置受力互斥,无法满足多层输送带同时跑偏时的纠偏需要,造成输送带过度磨损,易发生带边撕裂故障。因此,防跑偏检查、调整、维护工作量较大,输送带故障率高。

2.基本原理

为杜绝顺槽带式输送机储带仓内输送带跑偏现象,梅花井煤矿采取制作安装纠偏架,依靠纠偏架上安装的专用立辊纠偏输送带。每层立辊对应每层输送带,使每层输送带均有独立的防跑偏装置,各层纠偏立辊的运行互不干涉。起到了输送带纠偏的作用,预防输送带过度磨损,防止引发输送带故障,防范输送带撕带、断带等事故。

3.关键技术

现场测量胶带机储带仓机架尺寸,准备好各种钢材、专用立辊等配件或材料,地面施焊加工制作后安装即可。

三、先进性及创新性

该防跑偏立辊的设计安装,与储带仓多层输送带共用一根纠偏立辊不同,消除了立辊在纠偏运转中受力互斥,不能随同时跑偏的各层输送带同方向运转,输送带与立辊死磨硬蹭等问题。

四、成果运行效益

防跑偏立辊所需配件、材料较少,日常维护量小,但可以起到预防输送带带边撕裂故障,提高检修效率,减少生产影响的作用。

五、应用效果评价

与以往相比,带式输送机储带仓防跑偏立辊的设计应用,既起到了有效预防输送带带边撕裂故障,减少输送带过度磨损现象,延长输送带使用寿命,减少储带仓检查维护工作量,降低故障影响生产时间的作用,也为带式输送机系统远程集控化操作奠定了坚实基础。带式输送机储带仓防跑偏立辊的设计应用,以解决生产现场设备运行中的实际问题为根本目的,不仅做到了就近取材,制作安装简单易行,更突出了以小发明、小创造解决大问题。带式输送机储带仓防跑偏立辊的设计应用项目,对解决好生产现场存在的实际问题,保障生产系统的安全、高效运行,具有很强的现实指导意义。

带式输送机满仓保护装置的设计应用

（运输一队）

一、成果简介

在卸载仓适当高度位置加工侧孔,在侧孔外安装转轴式门板及行程开关,当卸载仓内物料堆积达到侧孔高度位置时,物料会自侧孔溢出,触动门板转动,使行程开关动作,设备自动停机,起到安全保护作用。

二、成果内容

1.成果背景

煤矿在原煤运输的过程中,易发生带式输送机机头堆煤故障,造成掩埋机头、沿线撒煤、转动部位运行受阻等问题,严重时可引发断带等事故。原来使用的电极式堆煤保护装置中存在以下问题:

(1)皮带上飞出的煤块会碰触堆煤传感器,导致传感器误动作,影响胶带机正常运转。

(2)当煤质较为干燥时,煤的导电性下降,容易出现煤仓堆煤保护装置不动作现象;

(3)试验堆煤保护传感器时,试验人员须将手伸进卸载仓内,使电极触碰卸载仓内壁,或者将堆煤保护传感器电极从卸载仓内部拔出、接地,来试验堆煤保护是否可靠。如遇仓内活动矸石滚落,易使试验人员受到伤害。

2.基本原理

在卸载仓制作时留出侧孔,安装转轴式门板及行程开关,将行程开关常闭节点串联接入胶带机控制回路即可。图1为满仓保护装置安装现场,图2为满仓保护试验点安装现场。

图1 满仓保护装置安装现场　　　　图2 满仓保护试验点安装现场

3.关键技术

利用物料在自身重力作用下,下滑溢出侧孔触动门板及行程开关,切断控制回路电源的原理,应用到现场实际中,起到了预防满仓、堆煤等故障的作用。

三、先进性及创新性

满仓保护装置安装简单,试验方便,动作灵敏可靠,成本极低。不仅降低了影响生产时间,创造了直接的经济效益,而且消除了保护试验中存在的安全隐患,保证了安全生产。

四、成果运行效益

运行成本低廉,仅需维护转轴式门板、行程开关及串联接线等小部件。

五、应用效果评价

梅花井煤矿主运输线各卸载仓均已安装了满仓保护装置,有效预防了卸载仓堆煤保护误动作或不动作的现象,使现场试验变得简单、快捷、安全。

泥渣螺旋甩干机的研究与应用

（运输一队）

一、成果简介

为从根本上解决煤矿淤泥清理作业时，泥水混合物难以清理和运输等实际问题，梅花井煤矿研究设计了泥渣螺旋甩干机。该设备主要由驱动电机、齿轮组、螺旋杆、甩干筒、料仓、滤水罩及机架组成。利用以螺旋杆旋转产生的离心力和轴推力为动力，以甩干筒为过滤分离装置，将泥水混合物快速分离，并将分离出的颗粒物轴向推至出料口。泥渣螺旋甩干机在清淤中的成功应用，达到了提高作业效率，减轻劳动强度的目的。

二、成果内容

1. 成果背景

在局部水仓清淤作业中，由于受作业空间限制，无法安装清淤机和压滤机等尺寸较大的专用设备。通常采用铲车清淤，潜水泵配合排水，带式输送机运输的方法清理水仓淤泥。由于潜水泵不能完全排干积水，造成泥水混合后带式输送机无法向上运输泥渣。作业中还需频繁移动潜水泵进行排水，造成清淤作业不连续或潜水泵空转烧毁等问题。清淤作业效率低，劳动强度大。

2. 基本原理

螺旋甩干机充分利用机构旋转产生离心力和螺旋叶片产生轴向推力的原理，将水分从筒壁小孔甩出，达到水与煤颗粒分离，将甩干后的颗粒物由带式输送机运输升井。图1为泥渣螺旋甩干机安装现场。

图1 泥渣螺旋甩干机安装现场

3.关键技术

螺旋杆在产生离心力分离泥水混合物的同时,必须具有足够的轴向推力将颗粒物推向出料口。叶片螺旋角度的大小科学合理,甩干机筒壁在分离水分与颗粒物时容易磨损,选用中要考虑更换方便,操作简单、快捷。

三、先进性及创新性

成功将螺旋甩干原理应用到清淤作业中,简化了井下清淤作业环节,实现了清淤作业的连续性,提高了作业效率,降低了劳动强度。

四、成果运行效益

螺旋甩干机结构简单,易加工制造,使用维护方便。具有运行维护成本低、效率高的显著效益。

五、应用效果评价

人工、铁锹、装袋、装载、运输等传统的清淤方法,不仅环节多,劳动强度大,且作业过程不连续,时干时停,工作效率低下。泥渣螺旋甩干机的研究与应用,既简化了清淤作业环节,降低了劳动强度,降低了现场管理难度,也使作业过程连续性强,减少了人力、物力投入,提高了工作效率,节约了成本费用。泥渣螺旋甩干机的研究与应用,改变了矿井清淤作业的方式、方法,通过技术创新,"机械化使人,自动化减人",实现矿井安全、高效生产。

水沟螺旋疏通机的研究与应用

（运输一队）

一、成果简介

为从根本上解决煤矿水沟容易淤堵，人工清淤作业频次高，劳动强度大等实际问题，梅花井煤矿研究设计了水沟疏通机。该设备主要由螺旋杆、减速机构、电机、控制开关等组成。以螺旋杆为工作机构，将水沟内淤泥沿轴向推动，并搅动使其浑浊，靠水流冲刷疏通水沟。起到了提高作业效率，减轻劳动强度的作用。

二、成果内容

1.成果背景

在传统水沟清淤作业中，通常采用人力、铁锹、装袋、运输的方法，没有实现机械化作业。故作业效率低，劳动强度大。

2.基本原理

水沟螺旋疏通机充分利用螺旋机构旋转产生轴向推力的原理，将淤泥搅动浑浊，靠水沟内自有流水冲刷，将泥沙带入水仓集中清理，达到水沟疏通的目的。图1为水沟疏通机安装现场。

图1 水沟疏通机安装现场

3.关键技术

煤矿巷道水沟分布范围广,不可避免有人员自巷道水沟边频繁通过。因此,靠设置警戒或采取防护等措施以保证安全的办法,不切合实际。故要求水沟疏通机的工作机构转速必须符合保障行人安全的需要,还要求设备必须满足安装简单,方便搬移、维护等要求。

三、先进性及创新性

成功将螺旋轴推原理应用到煤矿水沟作业中,简化了作业环节,实现了清淤作业的机械化,提高了效率,降低了劳动强度。

四、成果运行效益

水沟螺旋疏通机加工制造简单,使用维护方便。具有运行维护成本低、效率高的显著效益。

五、应用效果评价

人工、铁锹、装袋、装载、运输等传统的水沟清淤作业,不仅劳动强度大,工作效率低,人力、物力投入多,且作业不连续,时干时停。加之需清淤的水沟地点多、场所分散,造成现场管理难度大。水沟螺旋疏通机的研究与应用,改变了传统水沟清淤作业方式、方法,具有安全可靠,效率高的显著特点,是"机械化换人,自动化减人",通过技术创新,实现矿井安全、高效生产思路的又一典型案例。

液压控制技术在永磁除铁器中的应用

（运输一队）

一、成果简介

在永磁除铁器下边框架上安装行走轮,在除铁地点制作安装架、行走轨道、取铁装置、底抽闸板箱等。以液压泵站为动力源,以液压油缸为执行机构,实现除铁器安装位置的可调节性,取铁、装车等环节实现机械化。确保了除铁器运行、检修、故障处理、废铁回收、装车运输等作业的安全,提高了工作效率。

二、成果内容

1.成果背景

在永磁除铁器和带式输送机运行过程中,若除铁器出现故障或除铁器吸入大块铁器并卡堵时,会影响带式输送机的安全运行,现场处理故障时人员及设备均存在安全隐患。日常检修、故障处理、从除铁器上去除大件铁器、人工回收废铁等作业过程中,也存在安全隐患多、劳动强度大、工作效率低等问题。

2.基本原理

将除铁器安装方式由吊挂式改为支座轨道式,制作专用液压取铁装置和集铁箱。当除铁器需要运转时,操作液压控制阀组使液压推移油缸伸出,将除铁器推至带式输送机机身正上方。检修或处理除铁器故障时,推移油缸缩回,使除铁器移设至安全检修的位置。当除铁器吸上大件铁器出现卡堵时,将除铁器停机并移设至检修位置,将使用液压除铁装置,使大件铁器与除铁器分离,取下的铁器落入废铁箱。需要回收废铁时,只需通过操作控制阀组,将集铁箱提升到合适高度,车辆倒入铁箱下方,操作控制阀组,使集铁箱底部闸板打开,铁器落入车厢内。图1为永磁除铁器液压推移装置安装现场,图2为液压取铁装置安装现场,图3为液压闸板式集铁箱。

图1　永磁除铁器液压推移装置安装现场

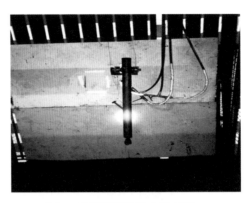

图2 液压取铁装置安装现场

图3 液压闸板式集铁箱

3.关键技术

以液压泵站为动力源,以液压油缸为执行机构,实现除铁器安装位置的可调节性及去除大件铁器、回收废铁作业的机械化。

三、先进性及创新性

将液压控制技术应用在永磁除铁器后,解决了除铁器因出现故障或除铁器吸入大块铁器并卡堵时,影响带式输送机的安全运行的问题。消除了在日常检修、故障处理、从除铁器上去除大件铁器、人工回收废铁等作业过程中的安全隐患,降低了工人的劳动强度,极大地提高了工作效率。

四、成果运行效益

将液压控制技术应用在永磁除铁器后,除铁器日常维护方便,操作简单,不仅大大提高了除铁、回收铁器的效率,而且确保了作业过程的安全性。

五、应用效果评价

液压控制技术在永磁除铁器的应用后,不仅保障了除铁正常运行、检修、故障处理、废铁回收等环节的作业安全,还提高了工作效率,减少了故障影响生产时间,使用效果良好,可以在宁夏煤业公司推广使用。

振动筛缓冲仓底板的改造

（运输一队）

一、成果简介

筛分振动筛缓冲仓长期受到煤流冲击,仓体容易开焊。不仅维修量大,还极易造成生产影响。通过改造缓冲仓仓体结构,避免仓体受力冲击损坏,既降低了缓冲仓维护工作量,又减少了故障影响生产时间,保障了矿井生产系统的安全、可靠、高效运行。

二、成果内容

1.成果背景

振动筛卸料仓落差较大,受煤流长期冲击,容易造成仓体频繁损坏。通常需停机维修,严重影响正常生产的顺利进行。且仓体开焊部位容易撒渣,需人工经常清渣,劳动强度较大。

2.基本原理

改造缓冲仓仓体结构,将部分煤滞留在了缓冲仓内,当后续物料落入缓冲仓时,可直接落在缓冲仓内滞留物料上,从而起到缓冲的作用,间接保护缓冲仓。

3.关键技术

按所需尺寸进行气割、施焊加工成所需结构即可。

三、先进性及创新性

振动筛缓冲仓底板改造耗时短,工作量小,调整底板安装角度后重新焊接,钢材耗费小,但可达到以夷制夷、事半功倍的效果。

四、成果运行效益

消除了煤流冲击力频繁损坏仓体的问题,降低了维修仓体的工作量,减少了故障影响生产时间,杜绝了撒煤现象,降低了人工清渣作业频次。保障了矿井生产系统安全、可靠、连续、高效运行,间接增加了经济效益,直接降低了人力、物力等成本投入,达到了降本增效的目的。

五、应用效果评价

经过运行观察,振动筛运行状况良好,故障现象和维修量明显减少,为原煤生产任务的完成奠定了坚实基础。振动筛缓冲仓底板的改造项目,以小改动,降低了生产设施故障发生的频次,保障了矿井生产系统的安全、可靠、连续、高效运行。

矿用防爆胶轮车瓦斯断电保护装置的优化

（运输二队）

一、成果简介

利用梅花井煤矿监控监测系统中的瓦斯传感器、一氧化碳传感器以及远程控制开关，选取瓦斯传感器及一氧化碳传感器安装至防爆柴油机无轨胶轮车上，实现了车载瓦斯保护功能。在井下作业时，如所处环境中的瓦斯超限，则无轨胶轮车自动熄火以保证作业安全。

二、成果内容

1.成果背景

梅花井现使用的WC5E型防爆柴油机无轨胶轮车保护系统部分已损坏，而防爆胶轮车的车载瓦斯保护功能是否完好成为保证胶轮车行驶安全的重点，所以恢复防爆胶轮车车载瓦斯保护迫在眉睫。使用正常的配件来恢复车载瓦斯保护系统成本投入高、供货周期长、使用维护困难。

2.基本原理

将监控监测系统中的瓦斯传感器、一氧化碳传感器与远程控制器相连接，当瓦斯浓度达到断电浓度时，远程控制器常开点闭合，熄火油缸电磁阀动作，从而拉动柴油机熄火油门拉杆，实现柴油机自动熄火。在电路中通过时间继电器来实现瓦斯传感器自检过程结束后远程控制器的误动作（如图1）。

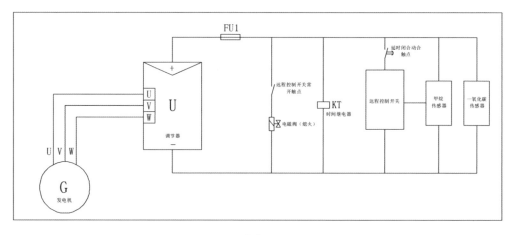

图1　电气原理图

3.关键技术

利用矿井监控监测系统的瓦斯传感器、一氧化碳传感器以及远程控制开关等设备,实现瓦斯超限情况下WC5E型防爆胶轮货车自动熄火功能。

三、先进性及创新性

1.瓦斯传感器与远程控制开关关联实现了瓦斯超限情况下WC5E型防爆胶轮货车自动熄火功能。

2.通过使用淘汰的矿井设备恢复防爆无轨胶轮车的瓦斯保护装置,既节约成本又加快恢复车辆的速度,保证车辆完好率,保障矿井生产用车。

四、成果运行效益

直接经济效益:恢复一台车的保护系统所节约费用约34 290元,现用34台货车车载瓦斯保护装置出现不同程度的损坏,使用淘汰的矿井监控监测系统设备来恢复车辆保护,实现了成本低、维修周期短、使用维护方便,节约材料费120万左右。

间接经济效益:恢复了车载瓦斯保护,车辆能够及时投入生产使用,在安全得到保障的同时还保证了生产用车。

五、应用效果评价

通过该套保护装置的应用使梅花井煤矿在用的WC5E型防爆胶轮货车实现了车载瓦斯保护功能,通过气体检测实验和井下实际使用,改造效果良好,已在梅花井煤矿推广使用。

防爆铲车发动机排气冷却系统的改造

（运输二队）

一、成果简介

选取车辆所需型号的散热器和水泵，在防爆铲车上加装一组散热器和水泵，形成排气系统和发动机两个独立的冷却循环系统。通过对冷却系统的改造，有效解决发动机高温带来的不便和困扰。

二、成果内容

1.成果背景

现使用的防爆铲车发动机及排气冷却系统存在设计缺陷，尤其是排气冷却系统水循环不好，如果排气直管和排气波纹管温度过高时遇冷却水就会由于热胀冷缩的原因导致排气直管和排气波纹管开裂而出现内漏，这样发动机散热器就会出现反水，严重时会造成发动机高温损坏。

该冷却系统故障过于频繁，如果出现排气直管和波纹管损坏，现场更换起来时间长，会影响正常生产。从材料消耗情况看，此类故障投入的维修成本太高，需要对其进行技术改造。

2.基本原理

选取所需型号的散热器和水泵，在防爆铲车上加装一组散热器，作用是将车辆冷却系统形成独立的发动机冷却系统和排气冷却系统，这样两个循环是相互独立的循环系统，提高水循环的冷却效果；在排气冷却系统中增加一个水箱，用于及时补充系统水量；同时再加装排气冷却系统中的水泵，提高冷却水的循环冷却能力（如图1）。

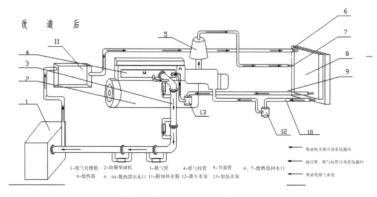

图1　防爆铲车发动机排气冷却水循环原理图

3.关键技术

增加水泵和散热器将使车辆形成独立的发动机冷却系统和排气冷却系统,两个循环是相互独立的循环系统,提高水循环的冷却效果。

三、先进性及创新性

通过改造既不影响车辆原有的任何性能,又能提高发动机动力性能。

解决了在作业过程中经常出现发动机高温反水的情况,杜绝了频繁更换损坏的排气直管和波纹管而造成人力和物力的大量浪费。

四、成果运行效益

通过对梅花井煤矿所使用的所有铲车的冷却系统改造,大大降低了防爆铲车发生高温及反水现象,增加了排气波纹管的寿命,每年可节约人工、维修、材料费用近200万元(每月每台车消耗冷却系统配件约5万元)。同时保证车辆的完好率,保障了生产用车。

五、应用效果评价

通过冷却系统改造,大大降低了发动机高温反水的情况,附带件的损坏也随之得到解决,使用效果良好,既确保了车辆的正常使用,又节约了运行成本,车辆的完好率得到一定提高,车辆的维修工时上得到一定缩减,出车得到保障。已在梅花井煤矿推广应用。

使用WC5E型5吨防爆货车改装吊臂车

（运输二队）

一、成果简介

通过对WC5E型防爆货车进行加装QYF-2.5T型起重机,实现对矿井井下较大部件和设备的吊、装、运,并且将液压锚杆机作为车辆附件进行使用,在巷道维修过程中发挥较大作用,极大地降低了工人的劳动强度,同时确保了操作的安全性和可靠性。

二、成果内容

1.成果背景

井下在装运电机、水泵、减速器等较大部件和设备时,都是采用人力配合起吊倒链等来完成的,既费时又费力,且存在较大的安全风险。基于以上考虑,改装一台吊装车辆,能够在有限的空间内实现较大部件和设备的吊、装、运将极大地提高人员工作效率,并且能够确保操作人员安全。

2.基本原理

考虑到井下经常回收的较大部件的重量和外形尺寸,选择一台QYF-2.5T型起重机加装到WC5E型防爆货车后厢前部大梁上,同时将货厢缩短。利用胶轮车的转向油泵向起重机的液压系统提供高压油液,通过操纵多路换向阀将油液分配到各工作元件,以完成起重作业所需要的各种动作(如图1)。

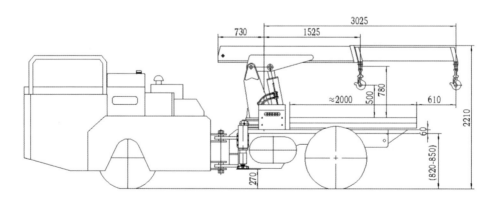

图1　起重机总体结构示意图

3.关键技术

将QYF-2.5T型起重机与WC5E型防爆货车结合,实现了井下较大部件和设备的吊、装、运。

三、先进性及创新性

实现了对井下较大部件和设备的吊、装、运,既高效又安全。可以将液压锚杆机作为吊臂车的附件,为井下巷道维修提供工作平台和液压动力源。

四、成果运行效益

吊臂车在井下应用后,提高了井下较大部件和设备在吊、装、运过程中的安全性和可靠性,减少了使用手拉葫芦带来的不便,减少了工人的劳动强度,杜绝了人员在用人力装卸设备时出现碰手碰脚的伤害,在保证安全的同时还能提高装卸效率。拓宽了该车的使用范围。

五、应用效果评价

吊臂车应用后,完成了矿井井下较大部件和设备的吊、装、运的工作,并且将液压锚杆机作为车辆附件进行使用,在巷道维修过程中发挥较大作用。在井下使用方便、灵活、安全可靠,使用效果良好,可以在宁夏煤业公司推广使用。

使用WC5E型防爆货车改装立式升降车

（运输二队）

一、成果简介

通过对WC5E型防爆货车进行加装SJCZ3.5型升降机，改装成为一台可移动的升降平台，操作阀安装在升降机工作平台斗内，满足了井下高空作业的需要，既降低了工人的劳动强度，也确保了高空作业的安全可靠。

二、成果内容

1.成果背景

由于井下巷道顶部经常进行设备安装、调试和维护，以及在巷道安全质量标准化整治方面存在高空作业，作业人员要频繁搭设、移动作业平台，出现作业人员时上时下，造成平台不稳定，此过程对作业人员安全上存在一定的安全隐患，不但工作效率低，还存在重大安全风险。此外，胶轮车在主运输巷道内作业或斜坡道上作业，所搭设的平台在维护巷道时占据一定空间，不能马上移开，从而影响车辆及时通行。改装一台可移动的升降平台就可以在提高作业效率的同时对人员登高作业的安全得到很大程度的保障。

2.基本原理

根据井下巷道尺寸及常用举升重量选用SJCZ3.5型升降机，将WC5E型防爆货车的货厢与大梁可靠固定，同时将升降机在车厢内可靠安装固定，并将车辆翻举缸的动力源接入升降机实现举升作业（如图1）。

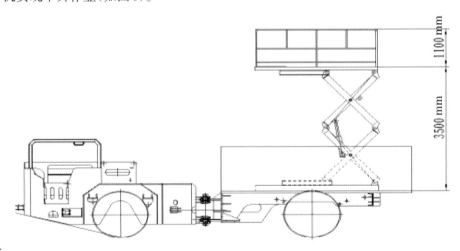

图1 升降机总体结构示意图

3.关键技术

将SJCZ3.5型升降机与WC5E型防爆货车结合,实现了井下可移动升降作业平台。

三、先进性及创新性

通过将SJCZ3.5型升降机改装到WC5E型防爆货车,增加一个升降操作系统,升降机安装于矿用胶轮车的车厢内,操作阀安装在升降机工作平台斗内,将WC5E型防爆货车变成一台井下可移动式高空作业设备。

四、成果运行效益

确保了井下高空作业的安全可靠,极大地降低了工人的劳动强度,提高了工作效率。

五、应用效果评价

立式升降操作车整车改造后升降机起升高度、额定载重量达到规定的技术参数,改造后在地面及井下通过相关单位的现场使用,升降操作车不但能够节省作业人员上下、来回搬动搭设平台体力的同时,该设备使用灵活方便,高度可任意调节,稳定性好,且安全可靠性较高,可以在宁夏煤业公司内推广使用。

带式输送机可调式防跑偏装置的设计应用

(生产安装队)

一、成果简介

带式输送机可调式防跑偏装置是将固定式防跑偏装置改进为可上下调节的防跑偏装置。该装置的应用,实现了防跑偏托辊的重复使用,从而大大提高了防跑偏托辊的使用寿命,有效解决了带式输送机固定式防跑偏装置频繁更换托辊的问题。

二、成果内容

1.成果背景

由于巷道条件、安装质量等因素,带式输送机均会存在胶带跑偏的问题(如图1)。为此需要在胶带易跑偏位置安装防跑偏装置。现有的防跑偏装置立辊与胶带接触位置固定,存在以下不足:托辊损坏频繁,检修工作量大;损坏托辊更换不及时会损坏胶带接头,甚至可能造成断带事故。

2.基本原理

可调式防跑偏装置分为固定架和调节架两部分。固定架与调节架接触面上各有5组相互对应的固定孔,每组孔间距为60 mm。固定架固定在带式输送机H架立腿上,调节架安装防跑偏托辊并与固定架连接。通过调整连接孔位置,从而改变托辊与胶带的接触部位。该装置结构简单,使用便捷,能有效地延长防跑偏托辊的使用寿命。

图1 防跑偏装置改造前　　　　　图2 防跑偏装置改造后

3.关键技术

将固定式防跑偏装置改为可调式防跑偏装置(如图2),可以通过定期调整托辊的安装位置,使防跑偏托辊的使用寿命提高4倍以上。

三、先进性及创新性

可调式防跑偏装置结构简单,体积小,安装方便。使用可调式防跑偏装置,极大地减少了更换损坏托辊的工作量,降低了维护不及时可能引发事故的风险,提高了安全管理水平。

四、成果运行效益

相比固定式防跑偏装置托辊,安装可调式防跑偏装置后,一个防跑偏托辊使用寿命平均由20天提升至90天。以全矿安装100个可调式防跑偏装置为例,全年可减少托辊投入1400个。大约可节省托辊费用14万元,可节省人工成本4.5万元。同时,降低了因托辊破损而造成胶带接头的损坏,确保了带式输送机安全、可靠运行。

五、应用效果评价

带式输送机可调式防跑偏装置大幅调高了防跑偏托辊的使用寿命,降低了生产成本,提升了安全管理水平,使用效果良好,可在宁夏煤业公司其他矿井推广使用。

油桶推车的设计应用

（生产安装队）

一、成果简介

油桶推车将转运油桶作业由原来人工作业改进为半机械化作业，解决了人工作业费时费力，油桶容易损坏而导致漏油的问题。

二、成果内容

1.成果背景

梅花井煤矿井下各种机械设备加注润滑油作业时需人工搬运油桶，传统作业存在以下不足：人工将油桶推倒滚动油桶时，底板上碎石、螺杆等坚硬物体易造成油桶破损而漏油；从大油桶分装至小容器时，大油桶重量大，需要多人配合，而且容易将油脂洒落在地上污染作业环境，影响文明生产，甚至造成人员跌倒摔伤。

2.基本原理

油桶推车使用4分钢管焊接主体框架和把手，底座安装3个4寸轮子，并与活动式的快拆抱箍和把手进行连接。搬运油桶时，抱箍快速紧固油桶，按压把手将油桶提起，油桶在重力作用下保持水平位置，操作把手可以方便地移动油桶至作业地点；旋转把手，可以将油桶转动至合适位置进行倒油作业。

图1 油桶推车操作实例

3.关键技术

油桶推车可以安全省力地运输油桶，快速高效地倒油，作业过程中避免漏油污染作业环境（如图1）。

三、先进性及创新性

油桶推车结构简单,使用方便,省力又安全,仅需1~2人配合作业,有效地解决了转运桶装油脂和倒油作业过程中存在的困难。

使用油桶推车进行转运油桶,有效地保证了油桶完好性,提高了工作效率,降低了劳动强度,优化了操作方法,避免了作业过程中油脂洒落污染作业环境,甚至造成人员滑倒受伤。

四、成果运行成本

以DSJ140/300/3×630型带式输送机加注油脂为例,共有3台减速箱、2台液压泵箱、2台逆止器、2台盘式制动器,共需加注各类油脂14桶。正常时需6~7人配合作业方可完成,作业完毕后还需进行油渍清理。而使用油桶推车只需2人进行作业,且减少了因清理现场而造成的人力和时间浪费。每次安装作业可以节省人工费用1 200元。

五、应用效果评价

油桶推车转运速度快,效率高,使用效果良好,已在梅花井煤矿推广使用。

"护国"全液压锚杆钻车的设计应用

（生产准备队）

一、成果简介

"护国"全液压锚杆钻车,是以履带式探放水钻车为基础改造而成的,改造后的钻车体积小,重量轻,能够很好适应于巷道维修使用。

二、成果内容

1.成果背景

梅花井煤矿每年的巷道维修多达 20 000 m,维修巷道时,受巷道尺寸制约,无法使用现有的锚杆钻车进行支护,现只能使用风动锚杆机进行维修支护,支护效率低,维修进度慢,严重影响梅花井煤矿的安全生产及采掘接续。

2.基本原理

"护国"液压锚索钻车,以报废的履带式探放水钻车(如图1)为基础,在履带式探放水钻车上设计安装了钻臂、液压阀组、支撑部、操作平台等配件,将履带式探放水钻车改造成一台液压锚杆钻车,适应于巷道维修使用。

图1 改造前　　　　　　　　　　　图2 改造后

3.关键技术

"护国"液压锚杆钻车(如图2)接入动力电源后,能自主行走至作业地点,支撑部可实现临时支护及防止因巷道底板不平整造成翻车,钻进部、张紧部配合旋转部可实现自由钻进、支护,能适用于地质条件差(巷道围岩松软、含水量大、巷道断面小)环境,特别适用于巷道维修作业。

三、先进性及创新性

"护国"液压锚杆钻车,属宁夏煤业公司首套研发设备。

该设备具有结构简单、体积小、重量轻等特点,适应于巷道严重变形、底板松软等不同条件下的巷道维护。"护国"液压锚杆钻车,提高了近26%的支护效率,降低了人员劳动强度。

四、成果运行效益

"护国"液压锚杆钻车,相比采购一台液压锚杆钻车架及锚网支护机具,可以节约资金31.6万元。使用"护国"液压锚杆钻车可大大提高巷道维修进度及支护效率,避免了空顶巷修的风险,保证了作业安全。

五、应用效果评价

通过"护国"液压锚杆钻车的使用,不仅提高了巷道维修进度和支护效率,而且节省人力成本,降低了作业人员劳动强度,现已在梅花井煤矿巷道维修作业中得到广泛应用。

CMM1-30型液压锚杆钻车安全平台的改造

(生产准备队)

一、成果简介

CMM1-30型液压锚杆钻车搭载安全平台,作为人员在钻车身上施工的安全保障,便于人员施工高处的锚杆、锚索,消除人员平台行走、攀爬过程中及施工时的安全隐患。

二、成果内容

1.成果背景

梅花井矿巷道维护时,采用过普通锚杆锚索钻车(如图1、图2)进行施工,人员在钻车机身上作业过程中,需来回攀爬平台、挪动平台,且钻车自身存在较多管路及凹槽,严重影响人员安装锚索梁及支护工艺,存在安全隐患。

2.基本原理

CMM1-30型液压锚杆钻车(如图3、图4)通过实际测量尺寸、加工人员站位平台及安全防护栏,抬高了机身照明高度170 mm,人员站立平台采用6 mm厚钢板及16#槽钢加工制作而成,除平台底座其他均采用螺栓固定,便于拆除及损坏后及时更换,护栏整体长1 800 mm,宽1 200 mm,高1 200 mm,确保了人员施工锚索梁及站在机身上的安全,也便于更换使用。

图1 未改造前原机图

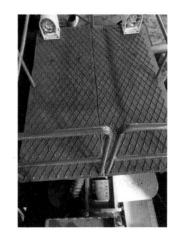

图 4 改造后钻机操作台防护设施

3.关键技术

在液压锚杆钻车上设计制作作业平台,保障作业人员操作、行走、检修等作业安全可靠。

三、先进性及创新性

通过在液压锚杆钻车上设计制作作业平台,有效解决了人员操作、检修效率不高,避免了卡、滑、坠等风险。提高了现场作业效率,保障了作业人员的安全性。

四、成果运行效益

CMM1-30型液压锚杆钻车搭载安全平台后,人员在钻车作业平台上可直接安装锚索,大大节省了时间,提高了近20%的支护效率。人员在可靠的作业平台作业,降低了滑倒、卡摔的风险,提高了作业的安全性。

五、应用效果评价

CMM1-30型液压锚杆钻车,经改造后搭载安全平台,提高了巷道维修进度和支护效率,人员安全保护方面得到保障,现已在梅花井煤矿维修巷道中推广使用。

多功能巷修车的改造

（生产准备队）

一、成果简介

多功能巷修车是在现有的5T吊装车基础上进行改造,利用车辆的供液系统作为液压锚杆机的动力源,在吊臂上安装吊篮,解决因高度不够需另外搭设平台作业的问题,实现了巷道维护的快速施工,安装回撤简单,节省了巷道维修及搬运时间。

二、成果内容

1.成果背景

梅花井煤矿在巷道维护过程中存在以下问题,影响巷道维护效率:

(1)部分公共巷道或回采准备巷道维护点的工程量较小,仅需要1~3小班以内就能完成。但维护前,需安装供风、供水管路,甚至供电系统,施工后需进行回收,浪费人工及时间。

(2)部分公共巷道或回采巷道较高,维护施工需搭设脚手架,且公共巷道内车辆运行较多,维护时影响巷道内车辆运行及自身作业时间。

(3)部分巷道维护点需要安装长距离供风系统或供电系统。

2.基本原理

使用多功能巷修车油压给液压锚杆钻机提供动力源,在阀组出口处加装一个调压阀和压力表,通过调定增压阀压力来满足锚杆机支护、张紧作业要求(如图1)。

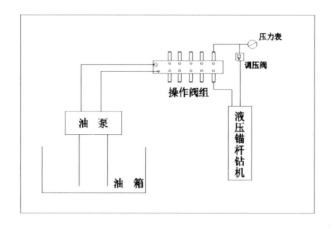

图1 液压原理图

图2　实物操作图

3.关键技术

多功能车可作为工器具、支护材料运输平台使用,做到随用随取、材料工器具不落地。多功能车作为维护平台使用,在多功能车车厢上加装护栏,车厢作为作业平台;在吊臂吊钩上安装可拆卸吊篮,作业时人员站在吊篮内升降吊臂,完成锚固工艺。

三、先进性及创新性

1.多功能巷修车属宁煤公司首套研发设备,应用于巷道维护。

2.该多功能巷修车作为常规运输车辆可以装运支护材料及工器具等,解决了日常巷道维护期间因维护点的工程量较小、作业前准备量大的缺点,可以实现维护前快速安装与回撤。

3.多功能巷修车车厢安装防护栏后可以作为施工平台,解决了部分巷道局部段较高维护施工需搭设脚手架、临时挪移不灵活的缺点。

4.多功能巷修车自身给液压锚杆机提高压力,减少了因局部巷道供风远的缺点。

四、成果运行效益

1.以2#缓坡副斜井硐室维护为例,使用多功能巷修车进行维护,与传统方式维护相比,在同样的时间内完成维护任务,可节省4人。

2.降低了人工搬运材料、工具等工序环节,减少了安装风水管路及脚手架的时间,提高了巷道维护的进度和支护效率,实现了机械化减人的目的。

五、应用效果评价

多功能巷修车的使用达到了快速施工,简单安装回撤的目的,提高了全矿巷道维修效率,节省了人工成本,目前已在梅花井矿2#缓坡副斜井、23采区辅运大巷等多个公共巷道使用。

轻便型风动乳化泵的设计使用

（生产准备队）

一、成果简介

轻便型风动乳化泵以压风为动力源,带动风动泵运转,从而实现注液作业。该泵结构简单,体积小,重量轻,操作便捷,挪移方便。通过现场使用,完全能够满足支设单体支柱的要求。

二、成果内容

1.成果背景

采掘工作面使用的体积庞大的BRW 200或BRW 400的乳化泵及泵箱通常采用电动力乳化液泵站作为供液动力源,但在巷道维修等临时性小规模使用液压单体支柱的地点供液时,电动乳化液泵站存在体积较大、重量较重、挪移不方便、增加设备成本、供电不方便等问题,耗费人工且影响施工进度。

2.基本原理

图1 风动乳化泵实物图

轻便型风动乳化泵是从锚索张紧器泵箱得到启发制造而来,该泵以风为动力,带动风动泵运转,从而实现注液作业。清水经过滤器过滤后进入泵箱,并配比规定浓度乳化液。当需要支设单体支柱时,开启截止阀,压风进入风动泵,风动泵开始工作,对泵箱内乳化液进行加压,出口直接通过注液枪将单体液压支柱升起,注液完毕后,关闭截止阀,压风停止进入泵站系统,拆除管路,摘除注液枪时较为安全。

3.关键技术

参考锚索张紧器液压原理及参数,自制小型泵箱,然后重新将泵头和自制泵箱组装成整体,形成自制轻便型风动乳化泵,方便快捷。

三、先进性及创新性

该风动乳化泵重量轻、体积小,便于安装,可接动力源点广。不污染环境,现场应用良好,为局部使用单体液压支柱的地点提供了一个新的供高压乳化液的方式。

四、成果运行效益

轻便型风动乳化泵结构简单,使用方便。减少传统泵站的安装回撤时间,且安全可靠,减少了人员操作过程中的安全投入。

五、应用效果评价

轻便型风动液压乳化液泵站可作为掘进工作面或巷道维修局部临时使用单体支柱地点的乳化液泵站使用,已在梅花井煤矿广泛推广。

智能化

ZHI NENG HUA

安全监控系统远距离供电研究及应用

（信息监测中心）

一、成果简介

通过电源输出 1 路 24 V 电源、0.4 mA 电流，使用 1×6×7/0.52 电缆进行 4 000 m 应用测试，其中 2 芯电缆提供正极，2 芯电缆提供负极，2 芯负责 RS485 信号进行传输，通过测试可以一次性拖动甲烷、一氧化碳、烟雾、温度、粉尘、风速共 6 个传感器，并且传感器运行稳定，无频繁断线现象。此种方案可满足长距离工作面迎头所有传感器一次性拖动的要求。

二、成果内容

1.成果背景

梅花井煤矿根据国家相关要求在井下建设安全监控系统，在目前的实际系统运行过程中，安全监控系统在各掘进工作面迎头需要安装甲烷、粉尘、风筒开停、一氧化碳、烟雾、温度传感器共六组传感器，目前系统主要采用 18 V 常规方式进行供电。当掘进工作面超过 2000 m 时，由于巷道内传感器较多，线缆压降导致迎头传感器无法全部拖动，需单独加装电源进行供电。遇到甲烷超限时，系统会将整个巷道内电源断掉，迎头传感器只能依靠后备电源供电，存在安全运行风险。目前采用的方式存在的缺点如下：

（1）从机巷设备列车安装分站，通过采煤工作面架间敷设监测线缆，将工作面回风巷内上隅角及工作面传感器进行拖动，由于监测线缆受到采煤过程中频繁移架影响，断线频繁，导致系统故障频发；

（2）在巷道中部的配电点或者巷口提供电源，负责安全监控系统电源供给，并在回风巷道内加设专用电源及分站进行二次供电，并敷设长距离线缆进行拖动，不符合国家有关规定。

2.基本原理

技术方案主要通过提高电压、降低电阻进行解决，但是依据《煤矿安全监控系统通用技术标准》（AQ-6201—2006）第 4.4.2.3 "由外部本安电源供电的设备一般应能在 9~24 V 范围内正常工作" 的要求，现有电源最高只能提供 24V 电源进行输出。

针对当前情况，梅花井煤矿成立了专门的攻关小组，研究使用 24 V、04 mA 的 KDW65B 电源，通过线路并联电压拖动法，分站输出 1 路 24 V 电源、0.4 mA 电流，使用 1×6×7/0.52 电缆进行 4 000 m 井下测试，其中 2 芯电缆提供正极，2 芯电缆提供负极，2 芯负责 RS485 信号进行传输，通过测试可以一次性拖动甲烷、一氧化碳、烟雾、温度、粉尘、风速共 6 个传感器，并且传感器运行稳定，无频繁断线现象。此种方案可以满足长距离工作面迎头所有传感器一次性拖动的要求。

3.关键技术

研究测试形成的24 V电源、0.4 mA电流,使用1×6×7/0.52电缆,并通过并联电压拖动法进行应用。

三、与国内外同类型产品比较得出结论

此次安全监控系统长距离供电方案的选定及测试成功,解决了当前困扰国内煤矿长距离掘进想解决而一直未能解决的老大难问题,使得矿井4 000 m及以上巷道的断电及迎头传感器一次性拖动变为现实。

四、成果运行效益

国内许多煤矿均在探索单主运输巷掘进方式进行采煤工作面布置,这种方式可以大幅度降低采煤及巷道维护成本,由于受到安全监控系统无法一次性拖动及其他因素影响,国内许多矿井均未应用实施。此次安全监控系统长距离供电方案的测试成功打破了现有单巷道长距离掘进无法实现巷道内所有设备一次性断电的突出问题,实际应用意义重大。

五、应用效果评价

梅花井煤矿通过探索实践,提出了安全监控长距离供电解决方案,在实际测试中操作简单,投入成本低,办法简单,符合国家相关标准,解决了当前国内煤矿长距离掘进巷道无法全部一次性断电的突出性问题。

煤矿无线传输通信智能组网技术研究与应用

（信息监测中心）

一、成果简介

通过煤矿无线传输通信智能组网技术研究，采用5G核心网，通过NSA组网，融合5G、4G、Wi-Fi6、Wi-Fi、uwb、融合基站技术、mesh自组网技术，采用高低搭配模式，在非重要地点使用4G技术，对于重要区域采用5G技术，尝试Wi-Fi6解决网络接入方式，比较5G与Wi-Fi6技术优缺点，在降低矿井无线通信技术资金投入的基础上，实现矿井快速物联网接入，实现矿井无线信号全覆盖，提高沟通效率。

二、成果内容

1.成果背景

为提升煤矿物联网接入效率、提高无线传输通信可靠性、降低独立运行的信息系统导致的设备维护量、减少井下基站因信号重叠导致的设备浪费，基于井下语音、视频、定位、数据方面的需求，通过"煤矿无线传输通信智能组网技术研究"科研项目的实施，研究一套适用于井下的无线缆连接、便携可靠、通用性强、智能组网的无线传输通信设备、技术方案。重点解决当前煤矿井下设备物联网接入困难、无线通信系统技术落后、现有信息系统繁杂、基站布置不合理、基站断线导致的设备脱机等问题，为矿井的安全生产、指挥决策提供了强有力的支撑。传统方式缺点如下：

（1）目前各矿井，采用小灵通技术进行通信，目前相关产品已经停产，无法进行补充；

（2）没有对巷道粗糙度及变化情况与无线信号衰减理论进行分析，基站按照常规方法进行布置，存在一定的资源浪费；

（3）4G无法进行视频等大带宽信号接入，5G成本太高；

（4）Wi-Fi组网技术无法满足通信需求。

2.基本原理

采用5GNSA核心网，根据现场实际需要，数据接入量大，区域重要采用5G+uwb融合基站；对于接入量不大，比较重要区域采用4G+Wi-Fi6+uwb技术融合基站，满足通信需求的同时，其他信号接入Wi-Fi6内；其他区域采用4G+Wi-Fi+uwb融合技术基站，满足现场使用需求；在矿井通信最后一公里，使用mesh自组网技术，探索mesh技术在突发情况下的自主通信能力，验证mesh技术在矿井通信中的技术场景满意度；根据巷道信号衰减理论与最佳频率理论研究成果，对无线信号进行合理规划，提高信号覆盖范围，提高矿井信息沟通效率，降低矿井通信系统建设投入成本（如图1）。

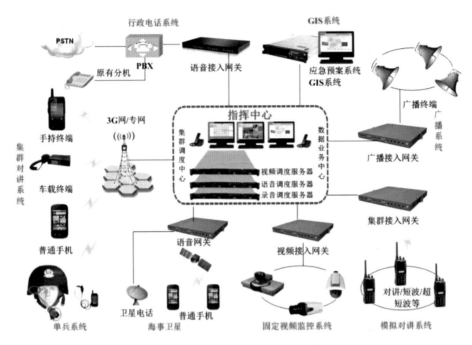

图 1　煤矿无线传输通信智能组网示意图

3.关键技术

适用于煤矿井下巷道信号衰减理论与最佳频率理论研究。

用于煤矿行业的 mesh 通信系统的实现方法。

融合 mesh、5G、4G、Wi-Fi6、uwb 的融合产品技术实现方法。

多种无线频率设备融合的设计方法与实现。

三、与国内外同类型产品比较得出结论

1.通过项目研究,发明一种煤矿井下使用的多种无线通信系统融合的一体化通信基站,其硬件将 5G、4G、uwb、Wi-Fi、MESH 等多种无线通信系统融合在一起,既解决煤矿井下常规无线通信需求,还解决目前矿井无线通信难度最大的最后一公里人员自组网通信问题。

2.煤矿井下巷道信号衰减理论与最佳频率理论研究,通过理论研究,分析巷道平直度、巷道表面粗糙度与无线信号衰减的理论关系,确保在井下安装基站过程中科学合理地布置井下无线通信基站,无线信号通信正常。

3.采用有线连接组网、无线桥接组网、有线无线混合组网方式,在有线组网断开后,自动启用无线桥接组网,保持通信主干链路的连续性。

四、成果运行效益

该项目推广应用前景广阔,建立了井下多种模式的移动通信技术解决方案,解决了当前煤矿井下没有先进的移动通信技术弊端,打通了井下移动通信难度最大的最后一公里问题,系统具有很强的通用性、移植性,有效提升了煤矿安全管理水平。

五、应用效果评价

煤矿无线传输通信智能组网技术研究与应用项目实施后,相比较5G全矿覆盖技术,大幅度降低了矿井通信系统投入成本,满足了矿井使用要求,同时探索和尝试了多种无线技术在矿井中的应用,分析技术对实际应用的最佳路径,可以在全公司煤矿单位推广使用,具有很高的推广应用前景。

掘进工作面后配套带式输送机
自动化控制系统研究与应用

（信息监测中心）

一、成果简介

梅花井煤矿对各掘进工作面皮带进行自动化控制改造，现场加装 PLC 采集华宁控制器数据，借助工业控制环网和视频监控设备，实现整个顺槽内的所有搭接皮带的自动化控制，节约掘进工作面皮带机司机岗位人员明显。

二、成果内容

1. 成果背景

随着梅花井煤矿 23 采区开拓，以及部分人员达到退休年龄退出、新补给人员少，矿井出现了较为紧张的人力供需矛盾，尤其是采掘一线作业人员极为紧张。梅花井煤矿井下掘进工作面巷道较长，一般在 3 000 m 以上，生产班需要占用大量的人员进行皮带操作，工效浪费严重。各皮带搭接点缺乏有效沟通，当迎头停产时，经常出现皮带空转现象，产生无效电能及机械能消耗，影响现场作业。

2. 基本原理

通过在各皮带搭接点、转载点安装摄像头，并采集各皮带搭接点华宁控制器信号，借助顺槽内敷设的光缆，形成掘进皮带控制网络，在工作面迎头电气列车平台加装 PLC 控制桌面及视频显示桌面，迎头作业人员掌握各皮带卸载情况，当掘进迎头掘进生产时工作面岗位工现场操作开停皮带，查看运转情况，当皮带停机时，司机可从事其他迎头工作，提高人员使用效率。

3. 关键技术

基于 PLC 控制的多皮带数据采集及集成控制。

三、与国内外同类型产品比较得出结论

理念创新，提出了掘进工作面皮带控制理念及方法，并在井下所有掘进工作面试用成功。

技术创新，首次对掘进工作面皮带进行控制，通过 PLC+工业环网+视频监控技术，实现了掘进工作面迎头对掘进工作面沿线皮带的远程自动化集中控制。

实现了原有皮带控制岗位工全替代，大幅度提高了掘进工作面及顺槽内人员使用效率。

四、成果运行效益

通过统计计算，目前每个工作面自动化改造投入费用为 10 万元，一个工作面每天可节约皮带机司机岗位工2~6人,按照平均节约4人计算,每条掘进工作面顺槽每年节约费用70万元,全矿可节约420万元。

五、应用效果评价

掘进工作面后配套皮带自动化控制系统的建设及改造,不单纯是技术的创新,更重要的是理念创新,通过在全矿井推行掘进工作面皮带自动化控制系统改造,大幅度提高了皮带使用效率,杜绝了空转浪费,节约皮带司机岗位工明显,经济效益可观。

环形水仓自动化系统改造与应用

（信息监测中心）

一、成果简介

环形水仓自动化控制系统，采用PLC+组态软件的方式，以西门子1200型PLC为主体，在现场安装电动注水阀、水位计、满水判断等装置，通过井下工业环网传输，地面组态软件实现对井下环形水仓的自动化控制。该系统具有结构简单、安装快捷、控制稳定、人力资源节约明显等优点，通过环形水仓自动化系统改造，已累计节约人员达44人。

二、成果内容

1.成果背景

为了及时将采掘工作面内矿井水及时排出，采掘工作面巷道中部安装了多级离心泵进行排水。传统方法安排专人进行值守排水，存在的缺点如下：

（1）每班需安排一人进行值守，一处环形水仓共需4人，存在工效利用率低、人力资源浪费严重的问题；

（2）由于值守人员工作清闲，睡岗现象经常发生，存在安全隐患；

（3）受值守人员责任心影响，存在脱岗现象，导致淹巷现象频发；

（4）现场未对水泵状态进行监控，只能凭借值守人员责任心进行监督，水泵故障较多。

2.基本原理

将现场注水阀更换为电动阀，并将水位计、满水信号装置、电动阀、水泵开关等控制信号接入PLC内，通过PLC控制逻辑编程，光缆传输、控制点位与组态软件关联，实现环形水仓集中远程控制，现场控制稳定，排水正常，操作简单（如图1）。

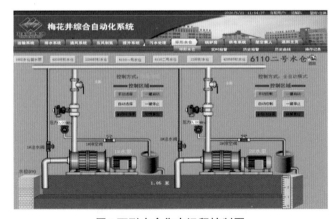

图1 环形水仓集中远程控制图

3.关键技术

PLC控制逻辑,现场自主研究的满水信号判断装置,准确判断泵体内注水情况,确保井下现场多级离心泵满水状态下的远程控制。

三、与国内外同类型产品比较得出结论

环形水仓自动化系统,具有控制方式简单、现场排水控制控制稳定、控制设备体积小、拆装便捷、悬挂方便等优点。

通过对环形水仓自动化控制改造,无须安排现场岗位工进行值守,调度室建设集中控制平台,1名集控员对井下11处环形水仓远程控制,排水稳定,未发生人员脱岗导致的淹巷现象,结余部分人员由操作工变成巡检工,及时对水泵故障进行排除,提高了工时利用率与人员效率。

独创的满水信号判断装置,利用废旧水桶,通过增加浮漂装置,替代了传统需要管路流量计进行离心泵正常排水判断而采购流量计价格较高的问题,节约了流量计采购成本,解决了离心泵是否正常排水判断的问题,提高了设备使用可靠性,同时也节省了加工制作材料及人工浪费。

四、成果运行效益

通过统计计算,每处环形水仓改造费用为5万元,全矿11处环形水仓改造费用共计55万元。每处环形水仓需安排4名岗位工进行全天候值守,共需安排44名岗位工,年投入社保及工资支出费用达660万元,每年可节约费用615万元。

五、应用效果评价

环形水仓自动化系统改造在梅花井煤矿所有采掘工作面小水仓的推广使用,一次性解决了安排岗位工导致工效利用率低、淹巷等问题,使用效果良好,达到了减人提效的目的。

基于皮带秤联动的主运输调速控制系统研究及应用

(信息监测中心)

一、成果简介

通过在梅花井煤矿二区段、三区段、四区段、井底煤仓等地点给煤机上侧50 m处加装皮带秤,借助工业以太环网,地面主斜井主PLC采集皮带秤数据,皮带秤对每个给煤机给煤量进行精准测量,依据皮带秤计量数据对通过PLC对主运输系统进行精准调速。具有调速精准、能耗降低明显等优点。通过在现场应用,可有效解决传统定速运行导致的能耗浪费严重、机械磨损量大等问题。

二、成果内容

1. 成果背景

梅花井煤矿作为宁夏单井产量最大的矿井,每年主运输系统需要将井下1000万吨煤炭运输至地面,矿井主运输系统任务繁重,同时在每天16:00至次日10:00全系统运行过程中,主运输系统经常出现空转现象,由于处于全速运行状态,机械磨损严重,无效能源浪费严重。据统计主运输系统每年耗电200 kW·h,消耗电费82万元,成为矿井电费消耗大户。传统解决方式是人员在地面进行手动调速,由于缺乏依据,基本处于定速运行模式,急需进行精准调速。传统工艺缺点如下:

(1)全速运行,导致皮带带面、托辊、皮带架磨损严重;

(2)造成电能浪费;

(3)缩短了皮带使用生命周期,无效运转导致维护频繁。

2. 基本原理

通过在各区段给煤机上段50~100 m地方加装皮带秤,实现各区段给煤机放煤精准计量,计量数据通过工业以太环网,传输到井口主运输系统PLC内,PLC采集皮带秤计量信号,通过计量信号数据,PLC对变频器频率信号进行自动调整,实现皮带调速控制。

图1　调速装置显示屏

图2　调速装置现场安装图

3.关键技术

基于皮带秤计量数据,与PLC之间联动控制,实现调速功能(如图1、图2)。

三、与国内外同类型产品比较得出结论

基于皮带秤联动的主运输调速控制系统,具有控制精准、调速准确的优点,有效地减少了机械磨损导致的浪费,大幅度降低了电费消耗,达到了节能降耗的目的。

通过调速控制后,提高了主运输系统皮带带面、滚筒、托辊等设备的使用周期,减少了维护人员投入,提高了工时利用率。

通过现场使用计算,主运输系统使用调速功能后,可节约能耗达到15%以上,年节约电费达到12万元,节电效果明显。

四、成果运行效益

通过统计计算,安装皮带秤共计投入费用16.8万元,每年主斜井皮带电费及维护费用17万元,一年即可收回前期投入成本,节约效果明显。

五、应用效果评价

基于皮带秤联动的主运输调速控制系统的推广应用,解决了主运输系统空转导致的电能浪费,同时杜绝了因皮带空转导致的机械磨损浪费,减少了人员频繁更换托辊导致的人力投入,节约人员投入到其他岗位上,提高了周转使用效率。

煤矿大坡度巷道胶轮车运输红绿灯控制系统

（信息监测中心）

一、成果简介

在梅花井煤矿1106103辅运巷900 m处下坡变坡点、调车硐室内安装一套红绿灯系统，下坡坡底处、坡底调车硐室内安装车辆指挥系统，有效避免了上、下行车辆在下坡过程中相遇的情况。

二、成果内容

1.成果背景

在梅花井煤矿1106103辅运巷900 m处有急下坡路段，巷道倾角最大达到22°，下行车辆下坡时不能有效刹车和制动，而上行的车辆由于坡度距离长且井下变坡点多，不能看见对方是否有车辆下行。若在下坡路段上、下行车辆相遇发生"顶牛"现象，则会发生重大安全事故，为安全生产造成极大隐患，因此，需安排专职安检员在坡段上部设置警戒，指挥车辆。

2.基本原理

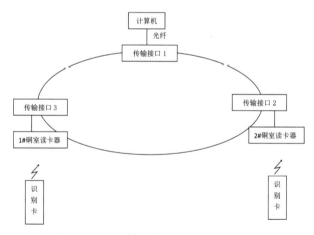

图1　1106103辅运巷环形网络连接示意图

通过读卡器将识别卡发出的数据通过CAN总线传送到KJJ134光纤数据传输接口2或KJJ134光纤数据传输接口3，然后通过光纤将数据传送到KJJ134光纤数据传输接口1，最后由KJJ134光纤数据传输接口1将数据上传到计算机；也可通过KJJ134光纤数据传输接口将计算机数据下传到读卡器（如图1）。

1106103辅运巷下坡段红绿灯控制系统如图2所示。

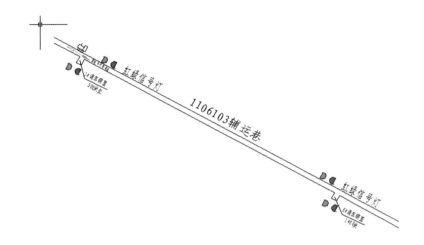

图2 1106103辅运巷下坡段红绿灯控制系统图

（1）当车辆下行过程中，若坡底无车辆进入，坡顶显示绿灯，车辆可通行。若此时坡底有车辆进入，根据坡底红灯指示，在坡底2#调车硐室内等候，等待下行车辆通过后，调车硐室变为绿灯，欲上行车辆方可驶出硐室，开始上行。

（2）若有上行车辆进入上坡路段，坡顶处红绿灯显示红灯，此时若有车辆欲下行，根据红绿灯指示，先进入1#调车硐室内等候，等待上行车辆安全通过，硐室内指示灯变为绿灯，方可驶出硐室，开始下行。

3.关键技术

在煤矿井下大坡段安装红绿灯控制系统，有效地指挥车辆运行，避免了车辆在下坡段中无法刹车、制动造成安全事故的发生。

三、与国内外同类型产品比较得出结论−

采用系统控制，节省了人力，减少了由于现场环境中车辆尾气、煤尘等对值守人员的身体伤害。

本项目所包含的技术水平具有创新性，在梅花井煤矿其他类似条件巷道有巨大的推广应用前景。

四、成果运行效益

一次性投入：读卡器2×6 400=12 800元，灯控器3×4 500=13 500元，数据传输接口3×13 200=39 600元，费用共计：65 900元。

直接经济效益：由于需要安排专职安检员在坡段上部设置警戒，指挥车辆。一个固定岗位需安排4人，且该固定岗位人力资源成本每年达到60（按照平均工资每人15万元/年）万元。因此，每年共计节约费用约60万元。

间接经济效益：通过在井下大坡段安装红绿灯控制系统，降低了安全隐患，提高了车辆运行效率。

五、应用效果评价

在 1106103 辅运巷 900 m 处下坡变坡点、调车硐室内安装一套红绿灯系统,下坡坡底处、坡底调车硐室内安装车辆指挥系统等,有效地避免了上、下行车辆在下坡过程中相遇的情况。由于该岗位值班人员责任心问题及专业水平问题,导致安全隐患无法彻底得到控制,效率低下,通过在井下大坡段安装红绿灯控制系统,降低了安全隐患,提高了车辆运行效率。

带式输送机智能巡检机器人的应用

（综掘一队）

一、成果简介

在巷道中心线靠近带式输送机上方安装轨道，每根轨道长度为3 m，在轨道上配置两台巡检机器人，两台机器人相对而行。考虑到带式输送机长度较长，为确保巡检频率和巡检质量，配置两台巡检机器人，巡检仪采用无线通讯方式进行信号传输，带式输送机沿线设置无线基站，为确保信号传输的稳定性，每隔200 m设置一台无线基站。基站之间通过光纤进行信号传输。每台基站配置一台电源箱，两台机器人相对而行，按设定方式对带式输送机进行巡检。

二、成果内容

1.成果背景

综掘工作面，随着掘进距离的增加，每部带式输送机需要安排专人进行巡检，为了实现综掘工作面自动化控制，达到减人提效的目的，需要使用巡检机器人自动进行巡检。

2.基本原理

智能巡检系统由运行轨道、巡检仪、无线通信基站以及监控中心组成。系统通过无线通信实现数据和图像采集并保证巡检仪稳定可靠运行。系统实现对皮带托辊、滚筒等部件在生产过程中连续、高质量、长时间地往复巡检（如图1）。

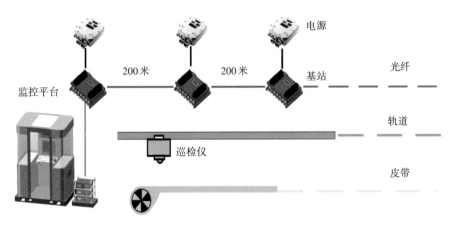

图1　智能巡检机器人系统示意图

图2　智能巡检机器人

3.关键技术

通过掘进巷道沿线皮带的全线智能集中控制的实施,将巷道皮带沿线系统智能集中控制,集中监测保护,对工作面安全生产、减人提效具有重要的意义,是极为重要的工艺革新(如图2)。

三、与国内外同类型产品比较得出结论

1.皮带沿线巡检功能

具有声音视频采集功能、温度采集功能、烟雾超限报警功能、甲烷超限断电并闭锁功能(当甲烷浓度降低时不能自动复位,需人工操作启动按钮才能复位)。

2.保护功能

(1)具有防坠落保护功能:巡检仪运行轨道为"C"型钢结构,能可靠承载巡检仪行走机构防止坠落;

(2)具有斜坡驻停功能;

(3)具有沿轨道方向的避障(包括人员)功能:当在巡检仪的运行方向遇到障碍物(包括人员)时,巡检仪在预设距离(可设定)进行刹车,停止行走;

(4)具有过载保护功能:当负载电流超过过流保护值时,巡检仪自动停车;

(5)具有防超速保护功能:当巡检仪速度达到设定值时,启动降速系统,速度达到设定值2倍时,启动刹车系统,巡检仪停止行走;

(6)具有一键紧急急停闭锁功能,需人工恢复;

(7)具有单体电池过充电压保护、单体电池过放电压保护、放电过流保护、输出短路保护功能,具有电量及工作状态指示功能;

(8)具有自检功能。

四、成果运行效益

带式输送机智能巡检机器人的应用,实现了带式输送机智能化、自动化巡检,每天可节省3名巡检工。可以实时检测皮带运行情况,故障发生时及时停机,避免更严重的损失。

五、应用效果评价

智能巡检仪配备烟雾传感器、甲烷传感器和高清摄像机,可以24 h实时监测巡检区域环境及带式输送机运行状况。搭载音频拾音器,实时对比历史音频数据文件,当正常运行中采集到的声音有异常时能够及时发现并报警,在智能化工作面及减少员工劳动强度等方面取得了很大的改进,使用效果良好,可以推广使用。

采 掘

CAI JUE

大扭矩锚杆钻机与顶板定向切割技术
在综采工作面中的应用

（生产技术部）

一、成果简介

对综采工作面回风巷与运输巷顶板使用大扭矩锚杆钻机施工定向钻孔,通过向钻孔内注入高压水定向切割顶板,在顶板内形成一道裂缝,当工作面推进至该区域后保证顶板沿这道裂缝断裂,采空区能够及时有效地冒落。

二、成果内容

1.成果背景

梅花井煤矿11采区综采工作面顶板较为完好,工作面埋深较浅,导致工作面在回采过程中采空区不能及时冒落,采空区悬顶面积过大。这不仅对工作面安全开采造成了极大地威胁,而且引起对应位置的辅运巷巷道压力急剧升高,对应位置的辅运巷变形量较大。

为了保证11采区各综采工作面安全回采,并减少对应辅运巷的变形量,现对111801综采工作面与1104₂05综采工作面顺槽采用顶板定向切割的方式提前切裂工作面超前处顶板,使综采工作面回采至该位置后能够及时冒落,采空区达到随采随冒的效果。

原有锚杆钻机扭矩仅为100~150 N·m,仅适用于钻孔深度小于10 m的作业,因顶板定向切割技术要求钻孔深度大于等于15 m,特在此技术中采用大扭矩锚杆钻机,扭矩达到190 N·m,能够满足钻孔深度的需要。

2.基本原理

①施工定向钻孔→②预置胶管→③高分子材料封孔→④注水切缝

3.关键技术

使用大扭矩锚杆钻机替代普通锚杆钻机,施工预裂注水钻孔并注水,沿着偏向采空区方向切割顶板,保证工作面推进过程中采空区能够沿切缝冒落,保证综采工作面安全高效地回采。

三、先进性及创新性

(一)梅花井煤矿综采工作面在回采过程中普遍存在采空区冒落不严实、不及时,工作面超前处压力显现剧烈的情况。一旦采空区悬顶面积过大,采空区顶板一次性冒落后产生的冲击波将对综采工作面人员和设备造成极大伤害。除此之外,由于超前处与对应辅运巷巷道变形量大,直接影响了综采工作面的正常回采,增加了巷道维修费用。

(二)为消除采空区悬顶面积大的威胁,减少巷修量,采用顶板定向切割的方式提前对综采工作面超前处巷道顶板进行切缝,当工作面推过该切缝区后,受周期来压影响顶板沿切缝处顺利冒落。

(三)大扭矩钻机的应用确保了预裂钻孔的施工效果,能够保证钻孔深度达到预裂设计要求,施工孔深达到15 m以上,确保顶板切割效果。

(四)该种方法满足了新形势下现代化煤矿的安全高效生产要求,保障矿井安全高效生产。

在111801综采工作面与1104₂05综采工作面进行顶板定向切割,具体施工技术方案如下:

在运输巷下帮肩窝处,以间距5 m,与垂直巷道方向为法向量,偏向采空区15°的夹角使用大扭矩锚杆钻机施工钻孔,孔深15 m,孔径32 mm。当工作面推进至最近的肩窝钻孔15m处前,开始对钻孔进行封孔,次日早班进行注水。

封孔注水过程:①将麻布用14#铁丝缠绕,绑扎从5 m长KJ10的高压胶管尾部0.5 m处开始,麻布绑扎长度为3 m;②将A与B两类聚氨酯混合后,涂抹在麻布上,并迅速深入钻孔内,胶管尾部接截止阀和压力表,管口外露钻孔长度为0.5 m;③待聚氨酯膨胀凝固24 h后,并确保将钻孔封死后,在管口处用注水泵进行注水;④在注水过程中,观察压力表读数,当压力表读数达到峰值并持续一段时间后,压力表读数开始下降,这时该孔注水结束;⑤进行下一个孔的封孔注水(如图1、图2)。

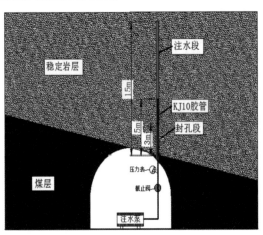

图1　工作面示意图

(1)施工顶板定向切割钻孔

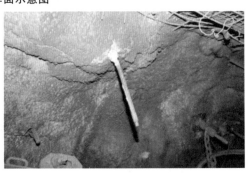

(2)封孔

(3)安装好的注水孔　　　　　　　　　(4)对胶管注水

图2　封孔注水过程

四、成果运行成本

以1104₂05综采工作面3 517 m走向长度为例,共需施工钻孔2 813个,总费用为2 813×30.76+2575+750+75+113+52+18=90 110元

五、应用效果评价

使用大扭矩锚杆钻机与顶板定向切割技术在梅花井矿综采工作面应用效果良好,基本达到了工作面随采随冒的目的,工作面超前范围内巷道变形量明显减少,对应辅运巷变形量也随之减少。

分布式预沉淀机械清淤巷道的设计应用

（生产技术部）

一、成果简介

梅花井煤矿主井皮带在运行过程中,大量原煤与污水受震动而从皮带上洒落,堆积在皮带机尾形成煤淤,当到达一定量后会阻碍主井皮带的正常运行。为解决该问题,在主井皮带机尾掘进两个"L"型巷道交替储存煤淤,并使用水泵和铲车抽水、清淤,保证了主井皮带的连续运行。

二、成果内容

1.成果背景

梅花井煤矿主斜井胶带输送机在运输原煤过程中,原煤由于受到震动和胶带机倾角大的影响不断从胶带机上洒落,在水流的作用下不断地向胶带机尾堆积,在堆积到一定量时会阻碍胶带机的正常运转,导致原煤无法及时运送至地面,对整个矿井的生产造成影响。

清淤巷道是广泛应用于煤矿清理煤淤的专用巷道,当其内部被煤淤和污水堆满后就需要及时清理,否则后续不断产生的煤淤因无处堆放就会在胶带机尾堆积,阻碍胶带机正常运转。

如果仅设计单一一处清淤巷道,为保证后续产生的煤淤和污水排放的问题,巷道在没有被煤淤和污水充满前就需要立即进行清理,此时污水中的煤淤还没有完全沉淀至巷道底部,这时如果直接采用水泵进行抽排,污水中混合的煤淤会阻塞水泵,导致水泵无法工作而直接影响清淤效率并增加清淤成本。除此之外人工清淤效率低下,清淤速度也远小于煤淤产生的速度,后续产生的煤淤便会在胶带机尾不断堆积,影响胶带正常运转,无法实现清淤与排淤的连续性,进而影响全矿的原煤运输。

2.基本原理

为了解决不断在皮带机尾堆积的煤淤阻碍皮带正常运行,设计了分布式预沉淀机械清淤巷道。在主井胶带机尾布置两个"L"形清淤巷道A与B,其原理是利用A与B交替进行排淤和清淤,使含有煤淤的污水预先在巷道内进行沉淀,达到污水与煤淤的初步分离。伴随着这个过程的不断进行,煤淤在巷道底部越积越多,水位不断上升并最终自流出巷道,然后利用铲车将剩余煤淤及时清理(如图1、图2)。

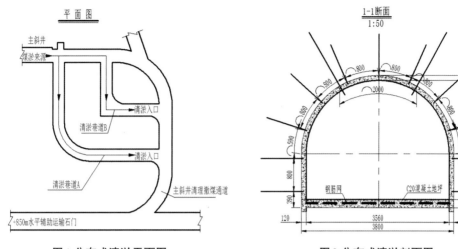

图1 分布式清淤平面图 　　　　　图2 分布式清淤剖面图

3.关键技术

(1)先将煤淤排放至巷道A内,当A排满后停止向A内排放煤淤。

(2)向巷道B内接力排放煤淤,在向B排放的过程中A内的煤淤与污水发生分离(煤淤向下沉淀,污水上升)。当煤淤与污水完全分离后,用水泵将污水抽出,然后用铲车将煤淤清除。

(3)当A内的煤淤完全清除后再次由A承担排放煤淤的任务,此时B内的煤淤与污水逐渐发生分离,然后重复②。

三、先进性及创新性

在梅花井煤矿主井皮带机尾通过现场使用发现,分布式预沉淀机械清淤巷道可有效地储存来自皮带机尾的煤淤,当一条清淤巷道被煤淤堆满后另一条清淤巷道立即投入使用,保证了清淤的连续性和主井皮带的正常运转。煤淤在清淤巷道中实现预沉淀,实现煤淤与水的初步分离,在使用水泵进行抽水的过程中没有再次发生水泵被煤淤阻塞的现象。使用铲车集中进行清淤的效率较以往大大提高,根据现场实际反馈信息,采用这种清淤方法很大程度上减少了人员工作强度,极大地减少了因煤淤堆积导致的主井皮带被迫停止运转的时间,提高了梅花井矿原煤运输效率,给矿井的安全生产提供一份可靠保障,在全集团也有推广价值。

四、成果运行效益

清淤巷道总长度约93.1 m(全岩),按全岩巷道15 000元/m计算,该清淤巷道总造价93.1×15 000=139.62万元

五、应用效果评价

该分布式预沉淀机械清淤巷道在实际使用过程中表现良好,承担了主井皮带运行过程中洒落的煤淤与污水的存排放任务,保证了主井皮带的正常运行。

端头支架顶梁加装钢结构垛体超高支撑通过运输巷搭接硐室方法的应用

（生产技术部）

一、成果简介

梅花井煤矿综采工作面过运输巷搭接硐室作业中,应用了端头支架顶梁加装钢结构垛体超高支撑的方法,取代了原有木垛人工假顶法,确保工作面顺利通过运输巷搭接硐室。

二、项目内容

1.成果背景

因梅花井煤矿综采工作面回采距离长,以18煤工作面为例,11采区18煤工作面南北翼工作面回风巷、运输巷长度平均达3500 m,运输巷需要两部胶带机搭接运行。胶带机搭接则必须要有胶带机搭接硐室,满足设备安装及运输要求。而综采工作面在回采过程中,必须要通过搭接硐室。

2.基本原理

111804工作面运输巷胶带输送机机头搭接硐室长84 m,断面为直墙半圆拱形,巷道净宽为7.3~8.4 m,净高为4.3~4.8 m。搭接硐室顶帮支护完好,顶板无下沉、鼓包,底板无底鼓,喷浆层无脱落。为顺利通过搭接硐室,保证ZYT8600/22/45D型端头支架能够接顶支撑,采取在1#、2#支架顶梁上方利用π型钢梁焊接两个2.0 m×1.2 m×0.6 m钢结构框架,搭接点均采用焊接,并与支架顶梁进行焊接,形成整体,内部利用150 mm×150 mm×1500 mm枕木充填,各个空隙用木楔子楔实。两个框架间距1.0 m,前部距支架顶梁前端1.0m,后部距支架顶梁末端0.5 m。1#、2#支架顶梁逐步伸入搭接硐室后,先在1#、2#支架顶梁前部施工钢结构垛体,保证支架接顶,1#、2#支架顶梁全部进入搭接硐室后,再施工1#、2#支架顶梁后部钢结构垛体,实现1#、2#支架顶梁接顶严实。为加强顶板支护,在原运输巷超前支护的基础上,在运输巷上帮侧再增加一排"戴帽点柱",柱距均为1.73 m,支护范围不小于20 m,随工作面推进,向前移设(如图1、图2、图3、图4)。

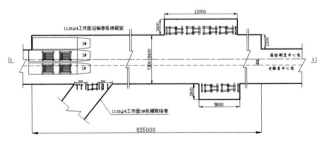

图1 搭接硐室支护平面图

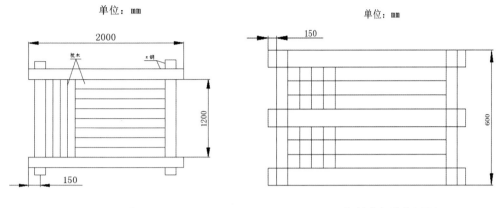

图2　钢结构垛体平面图　　　　　　　图3　钢结构垛体剖面图

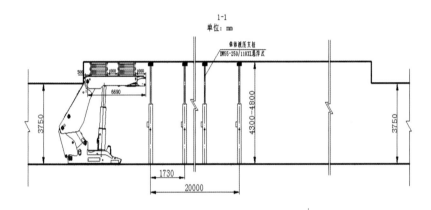

图4　搭接硐室支护剖面图

3.关键技术

采用在端头支架上设置钢结构垛体,替代人工假顶,且随工作面推进进行有效支护,确保支架接顶严实可靠。

三、先进性及创新性

原有综采工作面过胶带输送机机头搭接硐室方案为施工人工假顶方案,即在搭接硐室肩窝处安排距1 m打设"U"形金属托梁,搭设圆木并在圆木上架设"#"字形联锁木垛,最后打设锚索托梁进行加强支护的方法。在综采工作面回采到人工假顶下方时,端头支架升起与人工假顶接顶严实,确保工作面顺利回采。

使用端头支架顶梁加装钢结构垛体超高支撑通过运输巷搭接硐室的方法,相当于端头支架自带人工假顶,且能随工作面的推移随之推进,进行顶板支护。

四、成果运行成本

以111804工作面运输巷搭接硐室为例进行计算,施工人工假顶时,需要三个小班轮流作业,每小班8人,每班8 h,每个圆班施工12 m,共计需要7天。共需"U"形托梁170组,ϕ

300 mm×8 000 mm圆木85根,Φ21.8 mm×7 150 mm锚索240根,2 400 mm长20号槽钢锚索梁120根,150 mm×150 mm×1 500 mm道木2 500根,MSK2370树脂锚固剂720支,50 mm×150 mm×1 500 mm板梁及木楔若干。

根据上述材料计算,仅材料费一项就达到44.5万元。按梅花井矿3个综采工作面平均每年过巷3次,可节省各项费用约150万元。

五、应用效果评价

使用端头支架顶梁加装钢结构垛体超高支撑通过运输巷搭接硐室的方法,无须施工人工假顶,仅需在端头支架上设置钢结构垛体,简单方便,安全可靠,大幅地降低了工程成本,降低了劳动强度,提高了经济与安全效益。

高应力巷道柔性缓冲托盘的研究与应用

（生产技术部）

一、成果简介

现有木托盘在使用过程中因受潮而腐烂变形的情况普遍发生，因而导致巷道支护面积减少，巷道发生变形。通过将废旧皮带加工成柔性托盘，因其自身材质防潮、耐腐蚀性的优势，替代木托盘后可长期对巷道进行有效支护。

二、成果内容

1. 成果背景

锚杆托盘是通过给螺母施加一定的扭矩使托盘压紧巷道表面，给锚杆提供预紧力，并使预紧力扩散到锚杆周围的煤岩体中，从而改善围岩应力状态，抑制围岩离层、结构面滑动和节理裂隙张开，实现锚杆的主动、及时支护作用。

为了达到增加支护面积的目的，之前梅花井煤矿采用铁托盘与木托盘（如图1）。组合而成的锚杆托盘，这种支护属于刚性支护，属于被动性防护体系，主要作用是提供大于围岩发生破坏产生的最小松动压力的支护，从而提高支护强度。而一旦围岩压力超出了木托盘的极限抵抗能力，就会对木托盘造成结构破坏，使木托盘支护失效。除此之外由于井下阴冷潮湿，木托盘容易受潮腐烂，因此木托盘不能保证井下巷道长期支护的有效性，而梅花井矿在实际使用的过程中也确实经常发生木托盘受力断裂和受潮腐烂导致支护失效的情况。

2. 基本原理

将井下废旧皮带重新加工制作成柔性托盘（如图2），因其自身材质防潮、耐腐蚀、阻燃的优势，更适合作为煤矿井下巷道支护材料。

图1　木托盘

图2　皮托盘

3.关键技术

提前将废旧皮带加工成需要的尺寸,将柔性缓冲托盘单独或与铁托盘组合使用代替木托盘,对巷道形成长期有效地支护。

三、与国内外同类型产品比较得出结论

1.在支护效果方面,皮托盘由于自身材质较软,具有一定的变形适应能力,可以吸收一部分来自围岩的应力,属于柔性支护的一种。在使用过程中皮托盘能与围岩结合在一起共同产生变形,在围岩内形成一定范围的非弹性变形区。皮托盘能够紧贴围岩,有效地发挥围岩自承能力,允许围岩有一定变形但不破坏,同被加固的岩体做整体运动时仍能保证相当大的支护强度。皮托盘能够直接对围岩支撑保护,将被加固的围岩由载荷体变为承载体,充分发挥出围岩自身的支撑作用。对于梅花井煤矿软岩巷道而言,皮托盘对巷道的支护效果更好。

2.在使用寿命方面,皮托盘的材质主要是阻燃橡胶,因此皮托盘具有耐酸碱、耐潮湿、耐磨、抗撕裂、阻燃和防霉性良好的性能,这些性能除了增加了皮托盘的使用寿命,还消除了托盘受热燃烧发生火灾的安全隐患。

3.在经济效益方面,由于皮托盘取材于井下的废旧皮带,因此其成本远低于木制托盘。

四、成果运行效益

以长度为 4 000 m 的掘进巷道为例计算(每 0.9 m 需要 4 个柔性托盘),一次性投入:共投入 17 777 个柔性托盘,费用共计 17 777×14.5 元=25.78 万元。

1.直接经济效益

节省 17777 个×14.5 元=25.78 万元。

2.间接经济效益

(1)因使用柔性托盘而减少的巷道返修费用平均 1 800 元/m,4 000×1 800×60%=432 万元。

(2)因巷道返修量减少,节省出巷道返修的人力物力可用于提高掘进工作面进尺。

五、应用效果评价

柔性缓冲托盘在梅花井煤矿井下各掘进巷道内推广使用,与之前使用的木托盘相比较,使用废旧皮带加工出来的柔性托盘防潮、耐腐蚀、阻燃、支护效果良好。

多功能集成硐室在采掘工作面中的应用`

（生产技术部）

一、成果简介

当前梅花井煤矿人员较为紧张，整体调度协调压力较大，为缓解当前紧张局面，梅花井煤矿不得不考虑多功能合一的分项工程。通过将调车硐室、探放水钻场、水仓合三为一的方式实现单一硐室多功能集成化，以此缓解梅花井煤矿当前整体调度协调的压力，满足新形势下现代化煤矿高度集成化和安全生产要求，保障矿井安全高效有序地生产。

二、成果内容

1. 成果背景

排水系统与辅助运输系统是煤矿各大系统中的两个重要系统，在掘进工作面与回采工作面作业过程中不可避免地会受到地下水的影响，当地下水含量较大时，为了不影响工作面正常掘进和回采，需要提前施工钻场进行超前探放水，除此之外还要施工水仓对地下水进行集中收集；而在采掘工作面作业过程中需要使用车辆不断地为工作面运料和出渣，但是井下作业空间有限，为保证车辆顺利调向就需要另外施工调车硐室。为了减少上述各项工程施工时间，缓解梅花井煤矿劳动力紧张的压力，生产技术部创新性地提出将水仓、超前探放水钻场、调车硐室合三为一，增大原设计调车硐室深度，只施工一个硐室而同时满足水仓、超前探放水钻场、调车硐室的功能。多功能硐室设计参数根据现场实际情况进行设计。

2. 基本原理

将原设计调车硐室加深加宽，只施工一个硐室而同时满足水仓、超前探放水钻场、调车硐室的功能。多功能硐室设计参数根据现场实际情况进行设计（如图1、图2）。

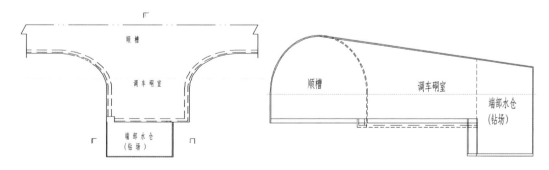

图1 多功能集成硐室平面图　　　　　图2 多功能集成硐室剖面图

3.关键技术

为了缓解梅花井煤矿当前人员和调度协调紧张的局面,通过将调车硐室、水仓、探放水钻场合三为一实现高度集成化,改变以往调车硐室、水仓、探放水钻场分别施工的惯例,减少了因人员和物料不断更换作业场地的影响时间和调度不断协调调配人员的压力。

三、先进性及创新性

采用多功能集成硐室后,有效缓解了梅花井煤矿人员调配较为复杂的现状,并减少了大量的人力与物力的损耗。除此之外在综采工作面过巷、排水、探放水、辅助运输、水仓清理过程中提高了效率,具有很高的社会效益与直接经济效益。提高了梅花井煤矿人员工作效率及梅花井煤矿调度协调调配的效率,减少了因作业地点不断改变而引起的人员和物料不断改变耽误的时间,符合当前减人提效的战略方针。整体上给矿井的安全高效有序地生产提供一份可靠保障,在全集团同类矿井中也有推广应用的价值。

四、成果运行效益

按照每米1万元的巷道施工费用,单个多功能集成硐室可直接为梅花井煤矿节省5万元的巷道施工费,按照每500 m施工一个调车硐室的标准,据不完全统计该多功能集成硐室可直接为梅花井煤矿节省不低于200万元的巷道施工费用。

五、应用效果评价

该多功能集成硐室在实际使用过程中表现良好,基本达到了设计目的,在满足调车、排水功能的基础上减少了因人员和物料不断更换作业场地的影响时间和调度不断协调调配人员的压力。

腰线法在控制掘进层位中的应用

（生产技术部）

一、成果简介

梅花井煤矿以往巷道掘进施工过程中,掘进随煤层起伏而造成巷道低洼点多,相应的水仓施工、排水点设置等一系列的问题对安全生产都造成了不同程掘度的影响。本项目以111806工作面运输巷为例,通过参考111804工作面辅运巷实际揭煤情况及111806工作面运输巷地质资料,在掘进作业中通过设置的中腰线控制巷道坡度,在保证高效、正确的掘进层位前提下,尽可能地减少巷道低洼积水点,优化防治水系统。

二、成果内容

1.成果背景

在保证巷道围岩控制的可靠性和工作面回采率的前提下,通过参考巷道顶底板岩性确定合理的掘进层位。

18煤直接顶为细砂岩,厚度0.00～15.56 m,平均厚度7.93 m。为确保巷道锚杆、锚索支护能够有效地锚固至稳定岩层内,确定巷道掘进期间原则上不留顶煤,煤薄时沿煤层底板破顶掘进,煤厚时沿煤层顶板底板留煤掘进。但为达到参考腰线层位掘进,减少巷道低洼积水点的目的,必要时可留顶煤层位掘进,考虑尽可能减少工作面回采期间的破岩量,保证原煤回采率,巷道上帮破岩高度最大不得超过600 mm。

2.基本原理

通过已知的地面勘探钻孔及已掘巷道地质资料,绘制111806工作面运输巷地质剖面预想图1所示。

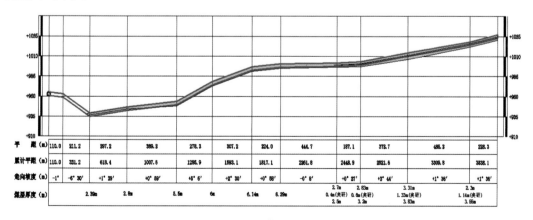

图1 111806工作面运输巷地质剖面预想图

（1）巷道0~321 m段,为下山揭煤段,按照地质资料给出掘进中腰线施工。

（2）巷道321~1817 m段,合计平距1496 m,煤层走向整体呈上坡趋势,走向坡度分别为:

①321~618 m段,平距297m,走向坡度+1°29′,煤厚2.39~2.80 m,平均煤厚2.6 m;

②618~1 008 m段,平距390m,走向坡度+0°59′,煤厚2.8~5.5 m,平均煤厚4.2 m;

③1 008~1 286 m段,平距278m,走向坡度+5°6′,煤厚5.5~6.0 m,平均煤厚5.8 m;

④1 286~1 593 m段,平距307m,走向坡度+2°30′,煤厚6.00~6.14 m,平均煤厚6.1 m;

⑤1 593~1 817 m段,平距224 m,走向坡度+0°58′,煤厚6.14~6.29 m,平均煤厚6.2 m;

（3）巷道1 817~2 262 m段,合计平距445 m,煤层走向整体呈下坡趋势,走向坡度分别为:

（1）1 817~2 262 m段,平距445 m,走向坡度-0°8′,煤厚6.29~5.60 m(含夹矸),平均煤厚6.1 m(含夹矸);

（4）巷道2 262~3 538 m段,合计平距1 276 m,煤层走向整体呈上坡趋势,走向坡度分别为:

①2 262~2 449 m段,平距187 m,走向坡度+0°27′,18-1煤厚2.70~2.83 m,平均煤厚2.77 m;

②2 449~2 822 m段,平距373 m,走向坡度+2°44′,18-1煤厚2.83~3.31 m,平均煤厚3.16 m;

③2 822~3 310 m段,平距488 m,走向坡度+1°36′,18-1煤厚3.31~2.3 m,平均煤厚2.75 m;

④3 310~3 538 m段,平距228 m,走向坡度+1°36′,18-1煤厚2.3~2.3 m,平均煤厚2.3 m;

3.关键技术

在现场施工的过程中,煤层的起伏状况往往与预期有所出入。通过不断地去分析煤层走向,合理地调整掘进层位,在确保安全、高效的前提下,达到优化巷道走向坡度,减少巷道低注点、排水点的目的。

三、先进性及创新性

巷道掘进期间严格按照给定的中腰线施工,根据煤层厚度和倾角的变化及时调整腰线,掘进期间最大坡度不超过±6°,以煤层与直接顶分界线为基准控制巷道层位,同时保证上帮最大破岩高度不得超过600 mm。具体如下:

1.巷道0~321 m段,为下山掘进揭煤段,按照地测部给定中腰线,按照-6°30′腰线施工。

2.在巷道321 m处合适位置施工临时水仓(暂定容积不小于20 m³),用于巷道0~3538 m段巷道的正常排水。

3.巷道321 m~618 m段(如图2),平距297 m,平均煤厚2.6 m,煤层走向坡度+1°29′。施工时放设+1°中腰线掘进,以巷道中顶处破岩2300 mm为基准,控制在1900~2600 mm之间,根据煤层走向起伏情况及时调整腰线,腰线角度控制在0~+3°;

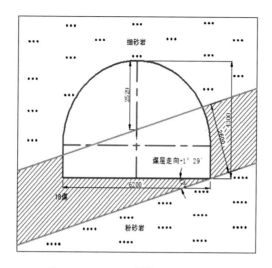

图2 321~618 m段施工层位预想图

4. 巷道618~1 008 m段、1 008~1 286 m段(如图3)、1 286~1 593 m段、1 593~1 817 m段(如图4),平均煤厚分别为4.2 m、5.8 m、6.1 m、6.2 m,煤层走向坡度分别为+0°59′、+5°6′、+2°30′、+0°58′。施工时分别放设+0°、+4°、+2°、+0°中腰线掘进,以煤层顶板至巷道中顶为基准,控制在留顶煤500 mm或破顶500 mm之间,根据煤层走向起伏情况及时调整腰线,腰线角度控制在0~+5°;

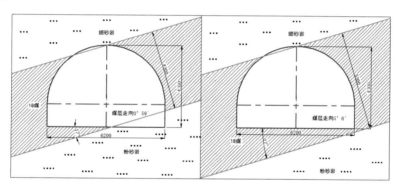

图3 618~1 008 m、1 008~1 286 m段施工层位预想图

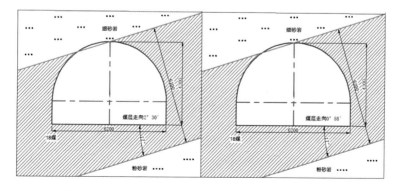

图4 1 286~1 593 m、1 593~1 817 m段施工层位预想图

5.巷道1 817~2 262 m段（如图5）施工时，平均煤厚6.1 m，煤层走向坡度为-0°8′。提前控制层位至煤层顶板至巷道中顶处，后放设0°中腰线掘进，根据煤层走向起伏情况及时调整腰线，腰线角度控制在0~+1°；

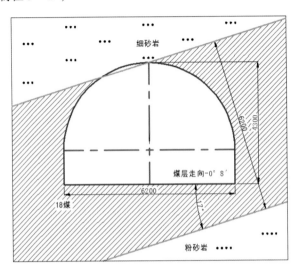

图5　1 817~2 262 m段施工层位预想图

6.巷道2 262~2 449 m段（如图6）施工时，平距187 m，平均煤厚2.77 m，煤层走向坡度+0°27′。设置+0°中腰线掘进，中顶处破顶高度以2 000 mm为基准，控制在1 700~2 300 mm之间，根据煤层走向起伏情况及时调整腰线，腰线角度控制在0~+1°；

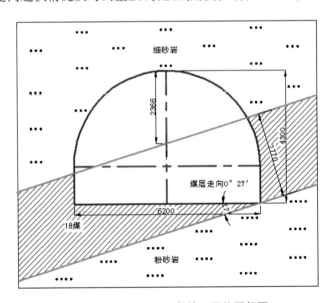

图6　2 262–2 449 m段施工层位预想图

7.巷道2 449 m~2 822 m段（如图7）施工时，平距373 m，平均煤厚3.15 m，煤层走向坡度+2°44′。放设+2°中腰线掘进，中顶处破顶高度以1 600 mm为基准，控制在1 300~1 900 mm之间，根据煤层走向起伏情况及时调整腰线，腰线角度控制在0~+3°；

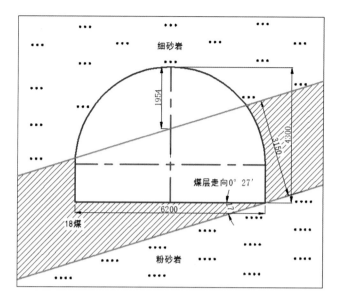

图7　2 449~2 822 m段施工层位预想图

8.巷道2 822 m~3 310 m段(如图8)施工时,平距488 m,平均煤厚2.75 m,煤层走向坡度+1°36′。设置+1°中腰线掘进,中顶处破顶高度以2 100 mm为基准,控制在1 800~2 400 mm之间,根据煤层走向起伏情况及时调整腰线,腰线角度控制在0~+3°;

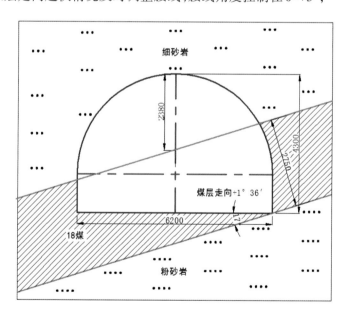

图8　2 822~3 310m段施工层位预想图

9.巷道3 310 m~3 538 m段(如图9)施工时,平距228 m,平均煤厚2.3 m。设置+1°36′中腰线掘进,中顶处破顶高度以3 050 mm为基准,控制在2 300~3 800 mm之间,根据煤层走向起伏情况及时调整腰线,腰线角度控制在0~+6°;

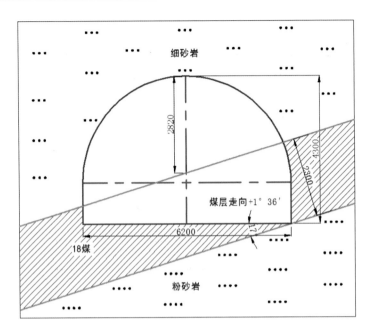

图9　3 310~3 538 m段施工层位预想图

四、成果运行效益

以长度为4 000 m的掘进巷道为例计算：

在采用参考腰线施工法后，该条巷道减少了约32个巷道低洼点，极大地提高了前期掘进和后期回采的排水效率，由此节省的费用在65万元左右。

五、应用效果评价

根据现场反馈的情况，采用参考腰线施工方式后不但降低了材料消耗量和人员劳动强度，而且一定程度上提高了单进水平。

高强度预应力锚索托盘法的应用

（生产技术部）

一、成果简介

近年来，梅花井煤矿通过采用一系列的支护优化方案，解决了回采巷道的掘进支护难题，但是部分受地质构造及高地应力影响的巷道，巷道围岩松动、裂隙发育，顶板下沉严重。针对上述情况，梅花井煤矿在111003工作面运输巷试用了YTP系列高强度预应力锚索托盘，确保该工作面顺利通过M502向斜，应用效果良好。

二、成果内容

1.成果背景

梅花井煤矿部分掘进巷道受地质构造及高地应力影响，巷道围岩松动、裂隙发育，顶板下沉严重，导致现有普通碟形托盘出现受压变形、切断锚索（杆）的现象，无法满足在高地应力巷道的顶板支护需求。

2.基本原理

高强度预应力锚索托盘采用低合金高强度结构钢（355C），经高温（1150℃）模锻，提高了综合机械性能。托盘外形设计成褶皱，使中心锚索孔承受的拉力均匀地通过加强筋向四周外缘均布，有效支撑面积加大，托盘承受的是大部分拉力和一部分剪切力，具有较大的弹性变形力，所以能承受较大的预紧力。

3.关键技术

111003工作面运输巷设计断面为直墙半圆拱形，巷道设计掘进宽度为6 200 mm，掘进高度3 800 mm，掘进断面积20.9 ㎡，拱部采用 Φ21.6 mmx4 150 mm锚索支护，锚索间、排距为1 100 mm×1 000 mm。每根锚索采用3节MSK2370树脂药卷锚固，配合型号为YTP260高强度预应力锚索托盘，二次锚索采用 Φ21.6 mmx7 150 mm锚索支护，锚索间、排距为1 600 mm×2 000 mm。每根锚索采用4节MSK2370树脂药卷锚固，配合型号为YTP300高强度预应力锚索托盘．外端使用规格为KM22 mm的锁具锁固（如图1、图2）。

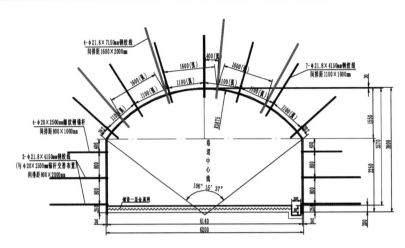

图 1　111003 工作面运输巷支护断面图

111003 工作面运输巷 950 m 处开始使用,该巷道 900~1 300 m 为 M502 向斜,向斜轴位于 1 000 m 处,截至 2021 年 3 月 11 日,该巷道已掘进 1 490 m,顺利通过向斜影响区域。

图 2　YTP 高强度预应力锚索托盘及使用情况

三、先进性与创新性

（一）重量

1.YTP300 锚索托盘重量(300 mm×300 mm×10 mm):7.5 千克(单块)。

2.YTP260 锚索托盘重量(260 mm×260 mm×10 mm):5.8 千克(单块)。

2.Q235B 普通锚索托盘重量(300 mm×300 mm×16 mm):11.3 千克(单块)。

（二）工艺

1.YTP 锚索托盘:高强度锚索托盘是采用低合金高强度结构钢(355C)经高温(1150℃)模锻而成,钢材的密实度得到提高从而增加强度提高了综合机械性能。托盘外形设计成褶皱,呈八瓣莲花形状,形成八条均布的加强筋直通托盘外缘,使中心锚索孔承受的拉力均匀的通过八瓣莲花凹凸加强筋向四周外缘均布,而不局限于锚索中心孔这个点上,因有效支撑面积加大,托盘承受的是大部分拉力和一部分剪切力,具有较大的弹性变形力,所以能承受较大的预紧力。由于采用特殊工艺,托盘锚索孔内壁挤压有5~8 mm凸起部分,进一步增强了锚具贴面的整体强度,增加了托盘孔口5~8 mm厚度,完全避免了传统托盘孔口强度不足而造成失效的情况,同时压制面光滑,减少了对钢绞线可能造成的损害。

2.Q235B-锚索托盘:Q235B-锚索托盘采用材质为Q235B钢材使用机床冲压成型。

(三)经济效益

YTP300锚索托盘:69元/块(含税含运费,含球形环)。

YTP260锚索托盘:61元/块(含税含运费,含球形环)。

Q235B普通锚索托盘:64元/块(含税含运费,含球形环)。

(四)托盘性能

YTP300锚索托盘承载力≥600kN。

Q235B普通锚索托盘≥524kN。

(五)支护效果

通过现场肉眼观测巷道过向斜区域,顶板离层仪观测数据分析,详见表1

表1 顶板离层仪观测数据

离层仪位置/m	观测时间	深部累计离层量/mm	浅部累计离层量/mm	现场顶板情况
950	2021年3月5日	0	0	无变化
1000	2021年3月5日	5	10	无变化
1050	2021年3月5日	5	10	无变化
1100	2021年3月5日	10	15	有轻微鼓包
1150	2021年3月5日	5	10	无变化

四、成果运行成本

以111003运输巷为例,总长度约2670 m,按延米消耗计算,YTP260托盘消耗量为7块/m,YTP300托盘消耗量为2块/m,该巷道YTP高强度托盘费用为150.85万元。

Q235B普通锚索托盘消耗量为9块/m,该巷道普通托盘费用为153.79万元。

五、应用效果评价

YTP系列锚索托盘在煤花井矿111003工作面运输巷过向斜段进行了使用。

通过以上锚索托盘对比分析及现场实施效果,YTP系列锚索托盘优点如下:

1.综合考虑经济因素,巷道变形量小,顶板支护强度高,减少了后期因巷道变形而造成的巷道返修,显著提高了经济效益。

2.重量轻,降低了工人的劳动强度,提升施工安全性。

3.八条均匀分布的加强筋承力结构,支承力通过加强筋均匀分布在托盘四周,支承强度高。

4.该托盘对顶部的支护强度强于原碟形锚索托盘,更加有效地保证顶板的完整性。

5.以300 mm×300 mm托盘为例,YTP系列锚索托盘产生预应力面积为467.36 cm²,而原普通碟形托盘预应力面积只有200.96 cm²,所以能更有效地保证顶板的完整性。

6.由于托盘边缘采用特殊的圆弧结构,直接使用不会损伤支护锚网。

7.增加了球形环的使用,将锚索受到的横向剪切力最大限度调整为纵向受力,防止锚索因横向剪切力被剪断失效。

一通三防

YI TONG SAN FANG

矿井一翼回风风速超限通风系统优化技术方案及其应用

（通风队）

一、成果简介

矿井一分区二、三区段内某时期采掘活动布置相对集中（1104203、1118104综采工作面，111801机巷、111801辅运巷掘进工作面同时进行采掘活动），加之1106103风巷局部通风维护地点一处，其他如1118102工作面综掘机通道、二区段变电所、消防材料库、避难硐室、辅助运输石门末端等必要的用风地点（即"两采两掘、三硐室一局部通风维护"），造成该生产作业区域用风量集中、风量过大，导致矿井二区段一翼回风风速超限（巷道通风断面10.7 m²、风量5 866 m³/min、风速9.36 m/s），违反《煤矿安全规程》第一百三十六条"采区进、回风巷风速不得大于6 m/s"之规定。导致矿井通风阻力过大，影响矿井通风能力，而且一旦这部分井巷稍微出现一些变故，就会影响整个矿井通风系统的稳定性。

二区段通风系统示意图、主要用风地点及系统优化前测风记录见图1、表1。

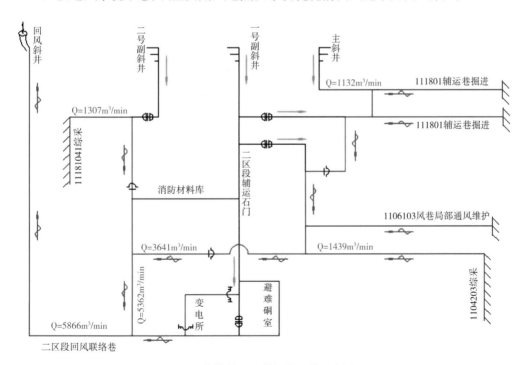

图1 优化前二区段通风系统示意图

表1 二区段通风系统优化前测风记录

序号	测风地点	巷道通风断面/m²	实际风速/(m·s⁻¹)	设计风量/(m³·min⁻¹)	巷道风量/(m³·min⁻¹)	局部通风机吸风量/(m³·min⁻¹)	局部通风机供风量/(m³·min⁻¹) 设计	局部通风机供风量/(m³·min⁻¹) 实际
1	1104203综采工作面	13.4	1.79	1419	1439	—	—	—
2	1118104综采工作面	15.9	1.37	1268	1307	—	—	—
3	111801机巷掘进工作面	17.4	0.28	260	292	473	840	1132
4	111801辅运巷掘进工作面	16.6	0.29	260	288	416	430	659
5	1106103工作面风巷局部通风	13.8	0.34	260	281	417	430	1428
6	二区消防材料库	14.2	0.26	128	221	—	—	—
7	二区段变电所	8.7	0.25	80	130	—	—	—
8	二区段避难硐室	11.6	0.27	174	187	—	—	—
9	二区胶运石门进风	9.4	0.30	141	169	—	—	—
10	1118102综掘机通道	10.2	0.26	153	159	—	—	—
11	其他(必要的维护风量)	—	—	—	705	采煤工作面风巷自动风门漏风		
12	二区段回风联络巷总回风	10.7	9.36(>6)	—	5866			

二、成果内容

1. 成果背景

一是巷道起底、扩帮(累计需起底、扩帮巷道总长度205.2 m),增大巷道通风断——方案可行、但成本高;二是调整采掘布置、减少该生产作业区域用风量——影响矿井产量、生产接续;三是寻求其他方案可行、成本最低的办法。

经过现场摸排、查看图纸和通风设施(密闭)台账、反复讨论论证,最终得到一个技术可行、现场可操作、合法合规且经济划算的解决方案,即将封闭已久的原116101工作面掘进煤运输通道启用(该巷为矿井开采初期,为解决运输问题施工的一条由一区段通往二区段胶运石门的掘进煤运输通路),作为专门用于回风的上山,将二区段部分回风"分风"至一区段并直接回风至回风斜井,从而解决二区段一翼回风量过大、风速超限的问题。与此同时,封闭部分无生产服务用途的巷道,维护1104203综采工作面风巷、1118104综采工作面风巷、111801辅运巷用于胶轮车辅助运输的3处自动风门,保证风门关闭严密、减少无效漏风、优化通风系统。

2. 基本原理

①封闭距离地面井口较近、无使用意义的二区段消防材料库和避难硐室,封闭无生产服务用途的1118102工作面综掘机通道,减少用风量638 m³/min;②施工一区段辅运石门调节风门、二区段胶运石门调节风窗、1106101辅运巷回风联络巷调节风门;③破impel恢复通风,启用116101工作面掘进煤运输通道;④封闭112202掘进煤运输通道,调整1104203综采工作面、1106103局部通风维护巷道通风系统;⑤优化系统,使通风系统更加稳定、合理。

通风系统优化过程中,共施工永久密闭10道、正反向风门2组8道、调节风窗1组、拆除密闭2道,累计封闭巷道长度586 m。

3.应用效果

通过前述技术方案的实施,最终将二区段一翼回风巷原总回风量5866 m³/min、风速9.36 m/s降低为现阶段的总回风量3524 m³/min、风速5.49 m/s,使风速符合《煤矿安全规程》规定,该生产区域其他用风量经116101工作面掘进煤运输通道分流至一区段及回风斜井。矿井通风阻力减小,通风系统更加稳定、合理,矿井一分区通风阻力由优化前的1210 Pa降低到优化后的1180 Pa。

通风系统优化后测风记录见表2、通风系统示意图见图2、网络图见图3。

表2 二区段通风系统优化后测风记录

序号	测风地点	巷道通风断面/m²	实际风速/(m·s⁻¹)	设计风量/(m³·min⁻¹)	巷道风量/(m³·min⁻¹)	局部通风机吸风量/(m³·min⁻¹)	局部通风机供风量/(m³·min⁻¹) 设计	实际
1	1104203综采工作面	13.4	1.80	1419	1447	—	—	—
2	1118104综采工作面	15.9	1.36	1268	1297	—	—	—
3	111801机巷掘进工作面	17.4	0.28	260	303	473	840	1155
4	111801辅运巷掘进工作面	16.6	0.29	260	288	416	430	668
5	1106103工作面风巷局部通风	13.8	0.35	260	290	422	430	1396
6	二区段变电所	8.7	0.26	80	136	—	—	—
7	二区段辅运石门末端	14.8	0.25	134	222	—	—	—
8	116101掘进煤运输通道	19.2	1.79		2062	—	—	—
9	二区段回风联络巷总回风	10.7	5.49		3524	—	—	—

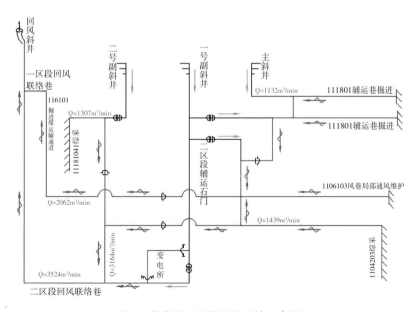

图2 优化后二区段通风系统示意图

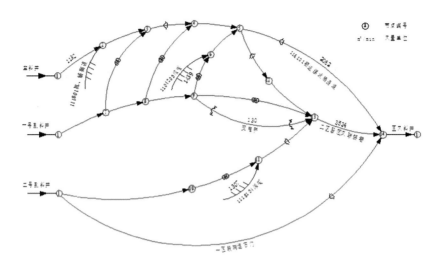

图3 优化后二区段通风网络图

三、先进性及创新性

制订的技术方案科学有效,避免了因巷道起底扩帮而增加的生产投入。

四、成果运行效益

按照梅花井煤矿现阶段0.5万元/m的巷道起底扩帮投资概算,可为矿井结余生产投入102.6万元左右。

五、应用效果评价

1.避免了因风速超限短时间内难以整改而导致矿井停产整顿带来的不良社会影响和不必要的企业经济损失。

2.避免了因风速超限巷道起底扩帮而影响矿井采掘接续紧张的情况,有助于矿井整体工作按计划有条不紊地有序推进。

自动捕尘卷帘纱门的设计应用

（综掘一队）

一、成果简介

自动捕尘卷帘纱门使用红外传感器及控制器对采掘工作面防尘纱门进行控制,实现了人或车通过防尘纱门时,防尘纱门实现自动升降和喷雾自动启停的功能。自动捕尘卷帘纱门的应用,不仅实现了防尘纱门的自动升降,而且提高了降尘效果,又有效地节约了水资源。

二、成果内容

1.成果背景

采掘工作面在掘进过程中巷道灰尘较大,为了减轻井下作业人员的身体伤害程度和改善工作面的工作环境,需在工作面回风流处安装防尘纱门,以此来达到降尘的目的。传统的防尘纱网门是喷雾加纱网组合在一起的防尘纱门,其工艺缺点如下:

(1)造成水资源浪费;

(2)造成工时浪费,需安排人员对防尘纱网门进行打开和关闭;

(3)降尘效果较差。

2.基本原理

自动防尘卷帘纱门的组成部分:门体、卷帘、气动马达组件、安全阀、电磁阀、主控制器和红外传感器组成。红外传感器探测脉冲信号,主控制器判断后下达指令,电磁阀打开后压风流过电磁阀输送给气动马达,气动马达做正向运行,将动力传给纱门卷轴,卷轴将动力传给捕尘纱网门,使捕尘纱网门开启,捕尘纱网门上方安装的喷雾开始喷水。

门扇开启后由控制器发出指令,当在30 s内感应探测器探测无人通过或无车辆通过时,气动马达做反向运动,捕尘纱网门自动下降,达到关闭捕尘纱网门的效果,同时捕尘纱网门上方安装的喷雾开始喷水(如图1、图2、图3)。

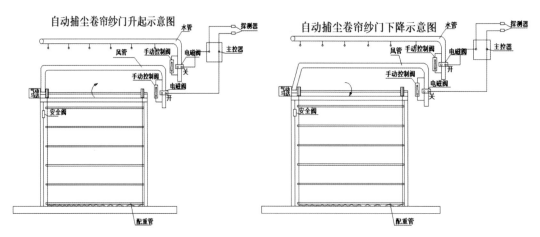

图 1　自动捕尘卷帘纱门升起示意图　　　　图 2　自动捕尘卷帘纱门下降示意图

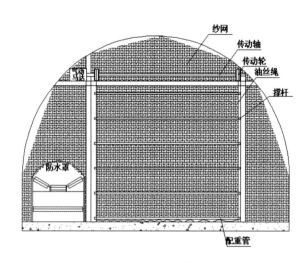

图 3　自动捕尘卷帘纱门示意图

3.关键技术

自动捕尘卷帘纱门,每次打开和关闭,都无须安排人员进行手动操作,可实现自动控制。

三、先进性及创新性

通过该套自动捕尘卷帘纱门装置的应用,使掘进工作面防尘纱门实现了自动开启和喷雾自动喷水的功能,此自动捕尘纱门在使用的过程中故障率低,方便随工作面的向前延伸而进行移设。自动捕尘卷帘纱门使用以来,彻底解决了以前存在的当有人员或车辆通过防尘纱门时需要人工去关闭喷雾水管阀门的问题。大大减轻了工作面掘进时产生的灰尘对井下作业人员的身体伤害程度,很大程度上改善了工作面的工作环境。

四、成果运行效益

有效节约了工作面喷雾降尘用水量,降尘效果好,有效保护了员工的身体健康。

五、应用效果评价

自动捕尘卷帘纱门的应用,彻底解决了以前存在的当有人员或车辆通过防尘纱门时需要人工去关闭喷雾水管阀门的问题。增强了降尘效果,减少了作业人员的劳动强度,节约了水资源,使用效果良好,可在宁夏煤业公司推广使用。

气动喷雾装置的研究与应用

(综掘三队)

一、成果简介

利用巷道内的风水系统设计一套风水气动喷雾装置,解决管理巷道内长距离喷雾及效果不佳问题。

二、成果内容

1.成果背景

综掘巷道安装的喷雾一般是水管喷嘴式或者水管喷嘴式加防尘纱网进行煤巷或者岩巷的除尘。在井下现场使用过程中发现,水管喷嘴式喷雾效果不太明显,效果差,水管喷嘴式加防尘纱网除尘装置起到一定的降尘作用。特别是靠供水管自身的水压进行降尘,效果大大减弱。按照矿管理要求,在巷道中安装一套气动联泵喷雾装置来进行除尘,此项气动联泵喷雾装置,主要是用压风自救的风压来增大喷雾的水压,导致明显喷雾效果,产生雾状喷雾。传统工艺缺点如下:

(1)喷雾系统压力小、容易堵塞;

(2)没有反冲洗系统;

(3)喷雾系统雾化效果不明显。

2.基本原理

气动喷雾装置,主要是用压风自救的风压来增大喷雾的水压,导致明显喷雾效果,产生雾状喷雾。如果在喷雾过程中发现有水管堵住时,启动喷雾系统反冲洗系统,及时对喷雾系统进行反冲洗,从而解决了喷雾系统堵的问题。

3.关键技术

风压冲击供水,雾化效果好,操作方便。

三、先进性及创新性

使用气动喷雾降尘装置,因自带反冲洗系统,解决了喷雾系统堵塞不通的问题,真正起到了喷雾降尘的效果,雾化很明显,梅花井煤矿 111801 运输巷掘进工作面已得到了明显的改观。

四、成果运行效益

与原有自制喷雾系统相比,雾化效果好,有效降低了巷道内的粉尘浓度,有效地保护了职工身体健康。

五、应用效果评价

优化了巷道内喷雾系统,雾化效果好,应用效果良好,可以在宁夏煤业公司推广使用。

综掘机外喷雾装置的改造

（综掘五队）

一、成果简介

本装置将综掘机原环形喷雾拆除,在双层环形导水装置上根据与截割部相平行取上、下层两组雾化喷嘴的角度进行安装,由原来单向单面只覆盖截割部的雾化改造成双向双层全断面雾化覆盖,可使综掘机外喷雾形成全方位,立体化的喷雾,达到较好的降尘效果。

二、成果内容

1.成果背景

现梅花井煤矿使用的三一重工 EBZ-160、EBZ-200、EBZ-260 型综掘机外喷雾由一组环形喷雾及两道侧喷雾组成,由于环形喷雾单向由一道雾化喷嘴组成,只有向截割部正面一个面的雾化降尘层面,在大断面半煤岩及全岩巷道掘进施工中雾化降尘效果差、雾化面积小。两道侧喷雾依附截割电机两侧单向截割头雾化,雾化面积小,从而大部分粉尘从巷道两帮扩散至后巷回风流。

2.基本原理

(1)将综掘机原环形喷雾拆除,根据原喷雾固定螺栓眼位加工制作双层环形导水装置,再在双层环形导水装置上根据与截割部相平行取上层、下层两组雾化喷嘴的角度进行安装,由原来单向单面只覆盖截割部的雾化改造成双向双层全断面雾化覆盖(如图1)。

图 1　改造前后对比示意图

(2)利用综掘机截割电机上的固定螺栓孔,加工两组侧向导水喷雾装置分别安设在综掘机截割电机两侧,配合原综掘机上正向侧喷雾形成对综掘机机身两侧及巷道中下部(帮部)面积的空间进行降尘。

图2　现场使用对比示意图

3.关键技术

环形喷雾两层雾化降尘层面,对截割部截割过程中产生的粉尘由上下两个层面进行雾化降尘;侧喷雾由纵向和侧向结合雾化;加设一组增压泵,外喷雾压力达8MPa,增强雾化效果。

三、先进性及创新性

经过对截割部环形喷雾及侧喷雾改造后,环形喷雾形成两层雾化降尘面,对截割部截割过程中产生的粉尘由上下两个层面进行雾化降尘,侧喷雾由纵向和侧向结合雾化,以上两种改造雾化后,加配增压泵,综掘机截割过程中产生的粉尘实现了整个巷道全断面雾化,掘进时巷道粉尘浓度明显下降,降尘效果显著。

四、成果运行效益

通过对综掘机外喷雾装置的改进,使梅花井煤矿综掘工作面迎头的降尘效果有了显著的改善,极大地改善了掘进工作面迎头的作业环境,使员工的健康得到更好的保障,有效地延长了井下员工的从业周期。

五、应用效果评价

通过综掘机外喷雾改造降尘的应用使综掘巷道生产掘进时的粉尘得到明显控制,回风流粉尘浓度明显下降,改造技术成熟可靠,现已推广应用至梅花井煤矿所有综掘工作面。

消音器在局部通风机中的应用

（综掘三队）

一、成果简介

通过在局部通风机中加装一套消音设施,解决井下巷道内局部通风机噪声大的问题。

二、成果内容

1.成果背景

梅花井煤矿现使用的局部通风机(如图1)工作噪声在 95~110 dB 之间,尤其在长距离工作面、大功率风机供风的系统中,为了保证满足工作面的供风量一般使用 2×30 kW 及以上功率的局部通风机,通风机运转时,其工作噪声高达 110 dB 以上,长期工作或生活在 90 dB 以上的噪声环境,会严重影响听力和导致其他疾病的发生。此噪声严重超出了国家规定标准,在噪声较大的作业环境下,极易发生安全事故。

2.基本原理

消声器利用消音棉进行消声,在局部通风机前后两端各加装一套消声设施,消声设施与原有的局部通风机使用螺栓进行连接、紧固(如图2)。

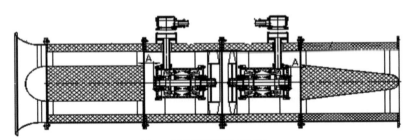

图1 局部通风机改造前

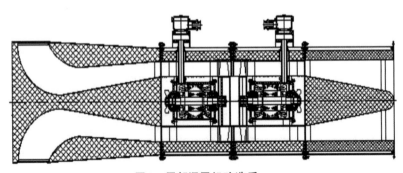

图2 局部通风机改造后

3. 关键技术

消声设施安装方便、连接可靠,达到了降低噪声的效果。

三、先进性及创新性

安装容易、不需要改变局部通风机原有结构,可直接安装;检修方便,拆卸简单,可以随时更换隔音夹层;消声效果好,压力损失小;使用寿命长、防火性能好等。

四、成果运行成本

与之前相比,消声设施投入运行后,噪声降低至81dB,消音效果明显,噪声降低很多,有效保护了员工,确保了安全生产。

五、应用效果评价

局部通风机风机两端加装消音设施已在梅花井煤矿所有掘进工作面推广使用,不需要改变原有局部通风机结构,便于安装,应用效果良好,可以在宁夏煤业公司推广使用。

KCG-500D 干式除尘器喷吹装置的改造

（综掘五队）

一、成果简介

将 KCG-500D 干式除尘器原有喷吹装置加长至滤筒长度的全长，再在喷吹气管的四周以 50°负仰角加装四个喷吹气嘴。通过此项技术的改造及应用，可有效解决梅花井煤矿掘进工作面除尘风机除尘效率低以及大幅延长除尘风机使用寿命。

二、成果内容

1.成果背景

此前梅花井煤矿施工的 111801 风巷顶板为泥岩，围岩富含发育水系，巷道淋水大、空气潮湿，且因截割过程中粉尘较大，除尘风机在掘进截割过程中收集吸入的灰尘粉粒较湿，附着在集灰装置（滤筒）上，使得喷吹系统很难将其清除干净，从而大大降低了除尘设备的除尘率，此外会极大地缩短除尘设备集灰装置的使用寿命，增加了除尘设备的使用及维护成本。本项目通过对现有除尘风机的喷吹装置进行改造，可有效解决上述问题。

2.基本原理

首先将原喷吹装置气管加长至与滤筒长度相同，在加长后的喷吹气管的四面上下交错以 50°负仰角加装四个喷吹气口，使得每次供气喷吹时整个滤筒内全长范围均会受到喷吹，可有效帮助滤筒及时落灰，同时气量全部引流至卸灰装置上腔后，落灰硅胶板会及时打开。此设计避免了硅胶板长时间因落灰打不开导致在卸灰装置上腔积灰。每组滤筒由加长喷吹装置引导气流至卸灰装置上腔，达到了全长喷吹滤筒的效果。经过长时间的验证，通过改进除尘器喷吹装置后，大大调高了除尘风机的稳定性及除尘性能，除尘效率一直保持在 95% 以上，减少了阻力能耗，零耗水，同时可以有效地防止煤尘爆炸，抑制尘肺病，给掘进工作面作业人员提供清新良好的工作环境（如图 1）。

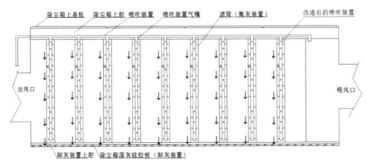

图 1　喷吹装置结构示意图

3.关键技术

(1)将原有喷吹装置加长至滤筒长度的全长；

(2)在喷吹气管的四面上下交错以50°仰负角加装四个喷吹气嘴；

(3)对除尘器的滤筒进行自下而上全面积的喷吹，使滤筒及时落灰，同时气量全部引流至卸灰装置上腔后使落灰硅胶板及时打开卸灰，确保滤筒能收到全方位的喷吹。

三、先进性及创新性

喷吹装置经过改造后，一次性解决了传统除尘装置滤筒阻塞后除尘器吸入的另一部分灰尘沉积至卸灰装置上腔，最终致喷吹气量不足。同时彻底解决卸灰装置(落灰硅胶板)不能完全打开落灰，长时间落灰硅胶板容易被堵死，从而大大降低除尘效率甚至使整个除尘器报废的问题。

四、成果运行效益

通过对除尘设备喷吹装置的改进，有效延长了滤筒的使用时间，减小了除尘器轴流风机工作阻力能耗，降低工作面用电消耗量。避免因除尘器轴流风机工作阻力大而使电机过载运行甚至绝缘损坏。

五、应用效果评价

除尘器全长喷吹装置成功地设计应用后，因改进后使用效果良好，且能节省配件及滤筒的更换费用，已在梅花井煤矿所有掘进工作面推广使用。

便携式风筒调节器在控尘技术中的应用

(综掘五队)

一、成果简介

便携风筒调节器由风筒钢圈为轮廓,沿着钢圈轮廓使用塑料网结合废旧风筒布整体布置。调节器的投入使用使长压短抽的通风方式将工作面迎头粉尘处理得到最大优化,使KCG-500D矿用干式除尘设备的除尘率达到95%。

二、成果内容

1. 成果背景

梅花井煤矿综掘工作面采用"长压短抽"的通风方式治理工作面粉尘问题。使用两台局部通风机供风,工作面迎头使用矿用干式除尘设备进行抽取处理粉尘混合气体。矿用干式除尘设备至工作面迎头供风风筒中间段采用铁质气动附壁风筒控制供风风筒连接与断开,从而形成一道风障阻隔迎头与后巷的粉尘流窜。

2. 基本原理

(1)方案内容

梅花井煤矿技术人员优先提出便携风筒调节器制作,风筒调节器由风筒钢圈为轮廓,沿着钢圈轮廓使用塑料网结合废旧风筒布整体布置,再翻边固定,顶端利用小链与巷道顶板钢筋网连接,上侧与供风风筒出风口上侧平行固定连接,两侧调节环与供风风筒出风口端两侧连接。使用调节器两侧调节坏上的拉绳调节风筒张合量。调节器的投入使用使长压短抽的通风方式将工作面迎头粉尘处理得到最大优化,使矿用干式除尘设备的除尘率达到95%。

(2)技术原理

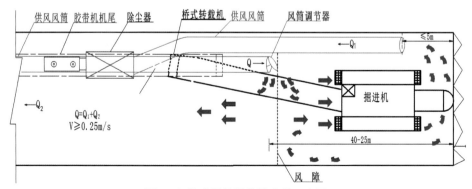

图1 便携式风筒调节器安装示意图

调节风筒调节器与供风风筒出风口端的敞口角度,使供风风筒出风口端巷道断面形成一道风障,避免了供风风筒直接吹向迎头使吹散的粉尘不能100%地进入除尘风筒进行处理,同时,将部分吹至后巷的含灰风流由风障阻挡后压入工作面迎头,从而使除尘率进一步提高(如图1)。

3.关键技术

根据除尘设备的技术要求,供风风筒距工作面迎头的距离不大于$5\sqrt{S}$(S为巷道断面),不小于15 m,需将供风风筒随着掘进工作面延伸掘进按照要求人工断开;在人工断开的风筒处加装便携式风筒调节器,调节供风风筒的风流方向,从而形成一道风障,遏制供风风筒将工作面风流吹乱,有灰风流向后流窜。

三、先进性及创新性

便携风筒调节器结构简单,体积小,重量轻,便于安设调节,节省材料费用支出的同时保障作业安全系数;有效地与除尘器配合形成科学的"长压短抽"局部除尘系统,从而使除尘率进一步提高。

四、成果运行效益

便携式风筒调节器成功的设计应用将铁质气动附壁风筒得以替换,使除尘设备的除尘率达到95%,可有效改善综掘工作面的空气质量,使员工的职业健康得到有效保障。此外风筒调节器质量轻,便于安装、拆卸及挪动,可一人手动进行吊挂,大大地提高了安装拆卸的安全系数及减轻劳动强度。

五、应用效果评价

便携风筒调节器的投入使用,使除尘率进一步调高,在控尘技术的应用中效果显著,保证工人在井下工作环境中空气清新。便携风筒调节器目前已在梅花井煤矿四个综掘队全面推广使用。

232201工作面探巷设计防灭火高位钻孔
解决采空区自然发火隐患

(通防部)

一、成果简介

为了确保232201封闭面防灭火安全,通过在232201工作面探巷向综采工作面方向设计高位防灭火钻孔,通过钻孔注防灭火剂、泡沫灭火剂和水玻璃,有效地解决了232201封闭面自发发火隐患。

二、成果内容

1.成果背景

232201回撤工作面在施工回撤通道期间,在采取注氮、灌浆、防灭火钻孔注水等防灭火措施后,232201综采工作面采空区CO浓度持续增高,基本判断在232201回撤面过断层留顶煤段存在氧化自热隐患。为了确保工作面防灭火安全,通过施工高位钻孔预防采空区自然发火。

2.关键技术

通过在232201工作面探巷向综采工作面方向设计高位防灭火钻孔,1#钻场位于232201工作面防灭火措施巷拐角处向下1 m处,2#钻场距离1#钻场间距为1.75 m,依次类推,共施工58组钻场,共计施工121个钻孔(如图1)。实行重点区域重点设计的原则,突出防灭火重点。具体要求如下:

(1)130#~160#支架后尾梁处组钻孔每架1个,距离后尾梁3 m的钻孔按照每架设计1个,距离后尾梁10 m的钻孔每2架设计1个;

(2)120#~129#支架按照后尾梁每架设计1个,距后尾梁3 m每两架设计1个,距离后尾梁10 m每3架设计1个;

(3)119#~110#支架按照距后尾梁2 m每架设计1个,距离后尾梁5 m每两架设计1个;

(4)95#~109#支架按照距后尾梁3 m每两架设计1个,距离后尾梁8 m每三架设计1个;

(5)钻孔的终孔位置距离煤层顶板不小于3 m;

(6)钻孔施工完毕后,先注水,再注三相泡沫和粉煤灰。三相泡沫掺水的比例必须要小,尽可能先用地面灌浆系统进行压注,如果有困难或者效果较差,必须要转入井下使用;

(7)注三相泡沫工作完毕后,钻孔再压注水玻璃,每个钻孔压注水玻璃的量不少于3 t。

232201 工作面防灭火措施巷钻孔施工参数表(160#~130#支架)

序号	钻场编号	钻孔编号	方位角	角度°	钻孔长度/m	钻孔见顶板岩石点L值/m	终孔位置
1	1#	1#	48°10′	5	33.1	13	距离160#支架后尾梁0m
2		2#	48°10′	4	36.1	14.5	距离160#后尾梁3m
3	2#	3#	48°10′	5	33.1	13	距离159#后尾梁0m
4		4#	48°10′	4	36.1	14.5	距离159#支架后尾梁3m
5		5#	48°10′	5	43.2	13.5	距离159#后尾梁10m
6	3#	6#	48°10′	5	33.1	13	距离158#支架后尾梁0m
7		7#	48°10′	4	36.1	14.5	距离158#后尾梁3m
8	4#	8#	48°10′	5	33.1	13	距离157#支架后尾梁0m
9		4#	48°10′	4	36.1	14.5	距离157#支架后尾梁3m
10		9#	48°10′	5	43.2	13.5	距离157#后尾梁10m
……	……	……	……	……	……	……	……
71	29#	71#	48°10′	5	33.1	13	距离132#支架后尾梁0m
72		72#	48°10′	4	36.1	14.5	距离132#后尾梁3m
73	30#	73#	48°10′	5	33.1	13	距离131#后尾梁0m
74		74#	48°10′	4	36.1	14.5	距离131#支架后尾梁3m
75		75#	48°10′	5	43.2	13.5	距离131#后尾梁10m
76	31#	76#	48°10′	5	33.1	13	距离130#支架后尾梁0m
77		77#	48°10′	4	36.1	14.5	距离130#后尾梁3m

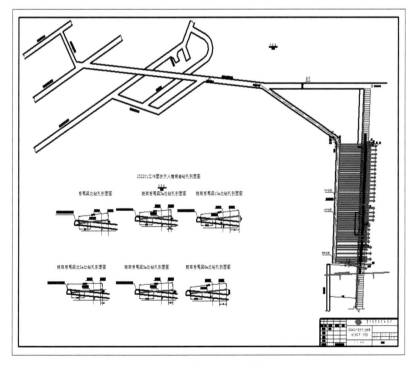

图1 232201 工作面高位防灭火钻孔施工设计图

三、先进性及创新性

综采工作面收尾、回撤期间采取正常注氮、灌浆防灭火措施不能有效预防断层面顶煤自然发火事故,通过施工高位防灭火钻孔,注防灭火胶体、泡沫、水玻璃等防灭火材料进一步遏制综采工作面顶煤氧化,为梅花井煤矿综采工作面自然发火措施开辟了一条新的解决思路。

四、成果运行效益

通过防灭火高位钻孔的设计与应用后,有效提高防灭火效率,确保了安全生产。

五、应用效果评价

通过设计防灭火高位钻孔注防灭火剂、泡沫灭火剂和水玻璃等防灭火材料,有效地解决了 232201 封闭工作面 2# 煤层自然发火隐患,将封闭前工作面 CO 浓度最高 0.051 % 降低至 0.004 4 %。

除尘风机水循环系统的改造

(综掘二队)

一、成果简介

通过对除尘风机供水管道进行改进,安装操作控制阀,可向污水泵内直接注水,有效地防止了污水泵缺水无法正常运行,导致水泵空转、泵体高温损坏。

二、成果内容

1.成果背景

KCS-450D除尘风机配套使用离心泵作为污水泵,根据其工作原理,必须向泵体内注水排气方可实现排出污水。

由于工作面巷道起伏不平,污水泵吸水口暴露在污水外,导致污水泵泵体内水量不足,污水泵空转,导致泵体高温,极易发生故障,同时除尘风机开启后产生的污水无法及时排出,进入煤流线及巷道底板,导致煤质下降,巷道底板泥化,影响正常生产。

2.基本原理

对污水泵的排气孔进行改进(如图1),使用清水泵通过改进后的排水孔向污水泵注水(如图2),确保污水泵的正常运行,污水泵排气孔为常闭状态,可将其改进为注水孔。在清水泵泵体原供水管理上安装三通阀,与污水泵排气孔改进的注水孔连接。在水清泵与污水泵管路之间安装控制阀,污水泵正常运行后将控制阀(如图3)关闭。

图1　污水泵排气孔改进

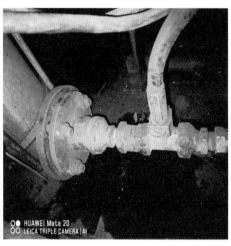

图 2　清水泵出水孔

图 3　控制阀

3.关键技术

有效地利用污水泵排气孔常闭的状态,将其改进为注水孔,并在清水泵供水管上设计三通阀,通过管道向污水泵注水,同时安装控制阀控制注水时间与注水量。

三、先进性及创新性

该装置在技术层面上领先宁夏煤业公司现有设备,通过对安源系列湿式除尘风机的污水泵常闭排气孔改进,实现了运行过程中随时向污水泵排气阀供水,保证了污水泵的正常安全运行。污水及时排出工作面,有效地控制了污水对煤质影响以及巷道泥化加重的情况,提升了巷道的文明生产程度。

四、成果运行效益

改进后的供水系统提高了KCS-450D型除尘风机水泵的使用寿命,使用寿命提高了一倍,每台除尘风机每年可节省24 500元。一个掘进队使用两台除尘风机,每年可节省49 000元,节省检修工时1人,节省人工工资130 000元,总体年效益可达到179 000元。同时,及时排出污水,有效地控制了污水流向煤流线及巷道底板的情况,提高了煤质质量和工作面质量标准化程度。

五、应用效果评价

KCS-450D除尘风机水循环系统改进后应用效果良好,提高了污水泵运行效率和安全性,保证了煤质质量和巷道质量标准化程度。增大了污水排水量,提高了粉尘净化率,改善了职工作业环境,进一步提升了职业健康水平。

带式输送机转载点自动喷雾装置的研究与应用

(综掘一队)

一、成果简介

带式输送机转载点自动喷雾装置,采用振动传感器对带式输送机转载点喷雾实现自动开停控制,彻底解决了以前完全需要人员手动开启或关闭喷雾水管阀门的问题。有效减轻了作业人员的劳动强度,节约了用水量。

二、成果内容

1.成果背景

综掘工作面,在掘进时,产生的粉尘大,需要开启工作面带式输送机转载点喷雾降尘。原有的喷雾设施需要人员手动开启或关闭,其缺点如下:

(1)需安排人员进行手动开启或关闭,造成人员劳动强度大;

(2)造成水资源浪费。

2.基本原理

当综掘工作面掘进时,启动带式输送机,带式输送机产生振动,振动传感器将信号反馈给控制箱,控制箱输出指令使喷雾电磁阀打开,开始喷雾。当带式输送机停机时,振动传感器又将信号反馈给控制箱,控制箱输出指令使喷雾电磁阀关闭,停止喷雾,实现喷雾的自动控制(如图1)。

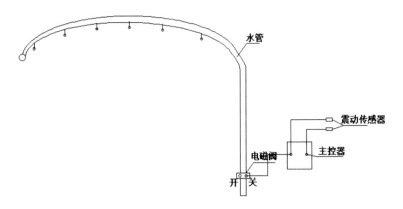

图1 自动化喷雾装置示意图

3.关键技术

利用振动传感器感监测带式输送机的运转状态,从而对带式输送机转载点喷雾的自动控制。

三、先进性及创新性

带式输送机转载点自动化喷雾装置应用后,实现自动控制转载机的喷雾装置的开停,不需要再安排人员进行手动开启或关闭喷雾管路截止阀,降低了工人的劳动强度,杜绝了水资源浪费。

四、成果运行效益

以施工长度为 4 000 m 的掘进巷道为例,总共可节省水 430 m^3。同时,减少了因无效喷雾造成的排水作业。

五、应用效果评价

带式输送机转载点自动喷雾装置应用后,实现了喷雾与带式输送机联动功能,使用情况良好,可在宁夏煤业公司推广使用。

二氧化碳气化装置加装温度控制技术实践

（通防部）

一、成果简介

通过在二氧化碳气化装置前端加装二氧化碳加热炉，通过实现远程温度控制，将液态二氧化碳通过加热炉输送到气化装置，解决了二氧化碳气化装置冬季结霜的隐患和二氧化碳气体输送量不足的问题。

二、成果内容

1. 成果背景

因梅花井煤矿制氮机进行大修，为了确保矿井防灭火安全，在制氮车间门口东侧安装一套二氧化碳气化装置，由于冬季温度较低，靠地面温度不能有效解决二氧化碳气化量过小的问题，特从副立井调用二氧化碳加热炉，通过加装温度控制装置，解决了二氧化碳气化量不足的问题和二氧化碳气化装置及管路结霜的隐患，保障了矿井防灭火安全。

2. 基本原理

通过加热炉上的温度控制线将 XMA-3200 数显温控仪温控装置安装控制箱体内，放置在制氮车间内便于操作加热炉温度，通过温控仪远程调整二氧化碳加热炉内水的温度，将加热炉内的温度调整至 60 ℃后，气化液态二氧化碳，部分混合气液二氧化碳经过气化装置，以达到增加二氧化碳输送量的目的。

技术参数：

(1)输入类型及测量范围：NTC10K、E(0~400 ℃)、Pt100(0~400 ℃)。

(2)显示精度：±1%F·S±1B，附加冷端补偿误差≤2 ℃。

(3)控制方式：二位式控制（回差可调）。

(4)输出方式：继电器常开常闭触电 AC220 V/5 A。

(5)工作电源：AC180-380 V，50 HZ/60 HZ，功耗小于 3 W。

(6)工作环境：0~50 ℃，湿度≤85 %HR，无腐蚀性及无强电磁辐射场合。

图1 温控装置

3.关键技术

XMA-3200数显温控仪温控装置安装在控制箱体内,实现远距离温度控制,调节加热炉温度,增加液态二氧化碳气化量。

三、先进性及创新性

通过增加加热炉温度控制装置,实现加热炉温度远程控制,解决气化装置和管路结霜的隐患,并解决了冬天二氧化碳气化量较小的问题。

四、成果运行效益

通过额外加装控制箱体和温度控制装置,共计花费1 500元,设备运行再无其他费用。

五、应用效果评价

通过加装二氧化碳气化装置温度控制装置,将二氧化碳加热炉温度控制在60℃,将原有的二氧化碳的注入量由500 m³/h增加至1 200 m³/h,同时解决了二氧化碳气化装置及管路结霜的隐患,保障了矿井防灭火安全。

隔爆设施自动补水装置的设计应用

(通防部)

一、成果简介

隔爆设施自动补水装置,降低了人工补水劳动强度,提高工作效率。通过延时阀门对水量进行控制,杜绝了因水袋破损造成长流水浪费资源。

二、成果内容

1.成果背景

梅花井煤矿目前井下安装使用主辅隔爆设施249处,通过人工定期巡检补充隔爆水袋水量。传统工艺缺点如下:

(1)隔爆设施安装在胶运输巷、辅运巷、风巷,车辆通行密度大影响作业人员安全;

(2)定期和不定期补水且工作量大、劳动强度大、人工补水效率低、补水不及时。

2.基本原理

隔爆设施自动补水装置,使用不锈钢浮球阀门对隔爆水袋水位进行定位,当水位低于标准时自动补水,水位达到要求后自动停止。每个水袋通过水管连接形成虹吸效应,在正常情况下通过虹吸效应使每个隔爆水袋水位保持一致。当隔爆水袋破损后通过延时阀门对水量进行控制。该装置使用机械杠杆原理进行控制阀门,不需要使用电力驱动,结构简单紧凑(如图1、图2)。

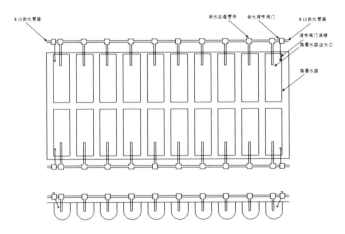

图1 隔爆设施自动补水装置平面布置图

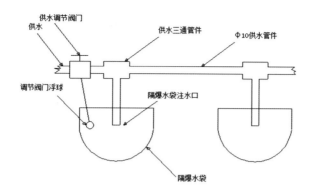

图2　隔爆设施自动补水装置示意图

三、先进性及创新性

用不锈钢浮球阀门对隔爆水袋水位进行定位。当水位低于标准时打开阀门自动补水,水位达到要求后关闭自动停止。通过延时阀门对水量进行控制,杜绝了因水袋破损造成长流水浪费资源。该装置使用机械杠杆原理进行控制阀门不需要使用电力驱动,结构简单紧凑。降低了人工补水移设水管的劳动强度,提高工作效率。

四、成果运行效益

以全矿现共有249处主辅隔爆装置,每组隔爆设施投入费用2 800元,全年可节省人工费用约60万元。同时,降低人工补水时车辆频繁通过形成安全隐患。

五、应用效果评价

隔爆设施自动补水装置在梅花井煤矿主要辅助运输巷、胶运大巷、采煤工作面、综掘工作面推广使用,经济和社会效益突出。

箱式风门机械闭锁装置的研究与应用

(通风队)

一、成果简介

箱式风门机械闭锁装置,采用凸轮插销并配合两个动作拉杆的结构实现井下自动风门和行人小门关联闭锁功能。

二、成果内容

1.成果背景

梅花井煤矿现使用的井下自动风门为便于行人及风门发生故障时防止人员被堵,在自动风门门扇的一侧设置了行人小门。但自动风门行人小门没有实现关联闭锁,当两道行人小门同时打开时便会造成局部用风地点风流短路、风量不足的情况。

2.基本原理

通过设计制作一凸轮插销并配合两个拉杆以实现限位。当一端行人小门开启时,带动与其连接的钢丝绳,与该钢丝绳连接的动作拉杆被拉起,动作拉杆触动凸轮插销限制另一端的拉杆动作,进而另一端的行人小门被限制开启,实现行人小门的联动闭锁功能(如图1)。

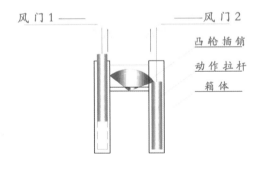

图1 箱式风门机械闭锁装置原理图

3.关键技术

该闭锁装置无须任何动力,运作可靠,解决了梅花井煤矿井下自动风门和行人小门无法实现闭锁的问题,避免了因行人小门未关闭而导致的采掘工作面风流短路、风流不足的情况发生,确保了工作面的安全生产和人员安全。

三、先进性及创新性

该机械闭锁装置无须任何动力,运作可靠;机械闭锁装置动作灵活,只要一道风门开启,另一道风门就关联闭锁无法打开;适用面广,可用于井下普通风门、无压风门、自动风门;该闭锁装置外观小巧、美观,安装方便。

四、成果运行效益

安装使用后,有效地解决了自动风门行人小门同开导致的局部通风短路、风量不足情况,提高了通风系统可靠性、安全性。

五、应用效果评价

箱式风门机械闭锁装置在梅花井煤矿所有自动风门推广使用。箱式风门机械闭锁装置使用后,一次性解决了传统自动风门行人小门无法关联闭锁的缺点,杜绝了局部用风地点风流短路、供风不足的情况,使用效果良好,可在宁夏煤业公司推广使用。

其他

QI TA

232205工作面运输巷定向超前探放水工程

（地测部）

一、成果简介

通过采用定向钻机开展超前探放水工程,对工作面2煤顶板砂岩含水层水进行疏放,钻孔轨迹影响范围内,巷道顶板淋水、涌水现象明显减小,达到疏放截流的目的,减轻掘进工作面淋水压力,保证了巷道安全掘进。

二、成果内容

1.成果背景

232205工作面掘进期间主要受2煤顶板粗砂岩含水层影响,掘进范围内顶板隔水层厚度为0～7.3 m,含水层厚度为8.8～27.3 m,且大部分范围内隔水层厚度小于5 m。巷道施工期间锚杆、锚索均存在不同程度的淋水、涌水现象,严重影响巷道的安全掘进及施工进度。

梅花井煤矿针对工作面掘进淋水及锚索出水情况,分别在机巷、风巷开展了超前探放水施工,累计施工钻场6个,钻孔21个,钻孔涌水量0～15 m³/h,大部分钻孔实际涌水量小于3m³/h。根据实际施工资料分析,工作面顶板含水层富水性存在明显不均匀性分布,由于隔水层厚度较薄,掘进期间仍存在明显的顶板淋水情况,并且含水层厚度变化较大,常规钻孔揭露含水层范围较小,导致钻孔疏放水效果不佳。

2.基本原理

由于工作面隔水层厚度较薄,含水层厚度变化较大,常规钻孔揭露含水层范围较小,导致钻孔疏放水效果不佳,采用定向超前探放水钻孔,可长距离在目标含水层中钻进,较常规钻进具有非常大的优势。

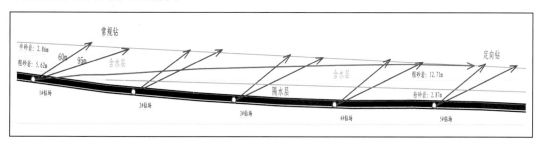

图1 232205工作面运输巷常规钻与定向钻对比剖面图

3.关键技术

定向钻机采用螺杆马达,通过调整钻进方位,可精确控制定向钻孔轨迹在目标层位内钻进,一孔多分支孔增加探测区域,实现对顶板含水层水的有效疏放(如图1)。

三、先进性及创新性

通过定向钻孔的疏放,钻孔轨迹影响范围内,巷道顶板淋水、涌水现象明显减小,对工作面范围内 2 煤顶板砂岩含水层进行探查疏放,达到疏放截流的目的,减轻掘进工作面淋水压力。

四、成果运行效益

本次定向钻孔施工长度 573 m,定向钻孔每米单价约 1 000 元,总运行成本 57.3 万元,可控制 600 m 范围,常规钻孔钻场间距为 100 m,每个钻场施工 4 个钻孔,总计施工 24 个钻孔,进尺 3 600 m,常规钻孔每米单价 300 元,总价格 108 万元。直接经济效益为 50.7 万元,同时,定向钻孔疏放水效果较常规钻孔明显,解决了巷道掘进期间顶板淋水现象。

五、应用效果评价

目前钻孔已施工完毕,钻孔施工长度 573 m,初始涌水量约 35 m³/h,目前已衰减至 5 m³/h,共疏放水量约 10 000 m³,钻孔轨迹影响范围内巷道顶板淋水明显减小,达到疏放截流的目的,减轻了掘进工作面淋水压力,保证了巷道支护强度及安全掘进,减小了巷道变形量和二次维修工程量。同时为煤花井矿防治水工作积累了宝贵的经验,为后期的 23 采区防治水工作打下了坚实的基础。

张存军"TPMP"检修法

（综采一队）

一、成果简介

张存军"TPMP"检修法（如图1）是梅花井煤矿综采一队党支部书记张存军在12年的检修工作实践中总结形成的一种行之有效的检修法，其核心内容就是定期（Time）、定点（Position）、定人（Man）、预防（Predction），简称"TPMP"，降低了设备故障率，提高了生产效率。

二、成果内容

1.成果背景

综采工作面设备重点部位的故障率特别高，将设备检修变成了抢修，抢修又占据了正常的检修时间，日常检修跟不上，设备的故障又逐步增加，这样就形成了检修不到位→影响生产→抢修→日常检修跟不上的恶性循环。导致生产不正常，临时抢修的点越来越多，抢修时的危险源也就随之增加，久而久之员工的情绪化作业给检修又带来了一个阴影。

2.基本原理

张存军"TPMP"检修法核心内容就是定期（Time）、定点（Position）、定人（Man）、预防（Predction），简称"TPMP"。

定期（T）：就是确定设备检修的周期，无论是电气设备、机械设备、管线管理都要遵循科学的管理，结合现场条件，按照日、周、旬、月、季、年，来确定每台设备及每台设备重点部位的检修周期，形成检修周期日历表。

定点（P）：就是确定设备检修的重点部位。这个重点不是相对的，而是根据所使用设备的环境及其员工日常操作行为所决定的。同一套设备，同一个相似的采场环境可以有相同的检修法，但员工的操作习惯和作业流程不同也可能这个重点不同，有的还会随着地质条件的变化，"重点"也会变化。

定人（M）：即指定专人负责，是"TPMP"检修法中一个重要环节，就是谁来管、谁来干、干成什么标准、谁来监管。其中包括负责"检修法"项目的安排落实，安排任务后按照PDCA管理，要和操作员工交流检修前是什么状况，检修完什么状况，周期是否还要调整，对照检修日历表销号管理。

预防（P）：是有计划地安排员工认为不是每天都要去做，而必须周期性要做的检修项目。把安全生产中不确定的因素转化为确定的因素，把不可控变为可控，人员安全和设备安全相互对应，从技术准备到环境选择都可控的检修设备，能确保人员操作过程中的安全系数，是一个被动变成主动的、可控的，从而达到了安全生产的目标。

表1 综采一队"张存军TPMP检修法"

序号	检修项目	时间节点	责任工种
1	电缆、电机遥测绝缘值	每周六、每周天	电工
2	电气设备更换干燥剂	每周五至每周天	电工
3	传动部电机两端加注润滑油	每季度	电工
4	打开采煤机前盖进行完好检查	每周一	电工
5	采煤机各电机遥测绝缘值	每周二	电工
6	工作面扩音电话、皮带沿线扩音电话逐台进行测试	每逢双号	电工
7	电气设备检查完好	每天专人负责	电工
8	采煤机拖缆处重新做头	每半年	电工
9	移变高压侧检查完好	每次移设备列车	电工
10	打开采煤机后盖进行完好及油管检查	每周天	电工、采煤机司机
11	采煤机过滤器清洗	每月1号或2号	采煤机司机
12	采煤机滚筒螺栓紧固	每月1、2号	采煤机司机
13	采煤机导向滑靴、平滑靴检查	每天	采煤机司机
14	各设备减速器、泵箱换油	每季度	采煤机司机、三机工、泵工、皮带工
15	乳化液箱冲洗	每周六	泵工
16	泵站进回液过滤站清洗	每周一、每周二	泵工
17	泵站油池更换油脂	每周日	泵工
18	刮板机铲煤板、分链器护板检查	每天	三机工
19	传动部对轮间隙检查	每天	三机工
20	破碎机锤头修复	每月	三机工
21	更换皮带头CST过滤器	每周一	皮带工
22	皮带机头、机尾及皮带沿线清扫器	每天检查、每月换一次清扫器	皮带工
23	皮带及滚筒注油	每月一号	皮带工
24	支架反冲洗	每周天	支架工
25	检查支架控制器保护盖板、主阀护板	每班	支架工
26	更换皮带机搭接点护皮	每十天	皮带工

综采一队"张存军TPMP检修法"月检修日历

1	2	3	4	5	6	7	8
星期日	星期一	星期二	星期三	星期四	星期五	星期六	星期日
1、2、7、10、11、12、13、17、18、19、22、23、24、25	4、6、7、12、13、16、18、19、21、22、25	5、7、13、16、18、19、22、25	6、7、13、18、19、22、25	7、13、18、19、22、25	2、6、7、13、18、19、22、25	1、2、7、13、15、18、19、22、25	1、2、6、7、10、13、17、18、19、22、24、25
9	10	11	12	13	14	15	16
星期一	星期二	星期三	星期四	星期五	星期六	星期日	星期一
4、7、13、16、18、19、21、22、25	5、6、7、13、16、18、19、22、25、26	7、13、18、19、22、25	6、7、13、18、19、22、25	2、7、13、18、19、22、25	1、2、6、7、13、15、18、19、22、25	1、2、7、10、13、17、18、19、22、24、25	4、6、7、13、16、18、19、21、22、25
17	18	19	20	21	22	23	24
星期二	星期三	星期四	星期五	星期六	星期日	星期一	星期二
5、7、13、16、18、19、22、25	6、7、13、18、19、22、25	7、13、18、19、22、25	2、6、7、13、18、19、22、25、26	1、2、7、13、18、19、22、25	1、2、6、7、10、13、17、18、19、22、24、25	4、7、13、16、18、19、21、22、25	5、6、7、13、16、18、19、22、25
25	26	27	28	29	30		
星期三	星期四	星期五	星期六	星期日	星期一		
7、13、18、19、22、25	6、7、13、18、19、22、25	2、7、13、18、19、22、25	1、2、6、7、13、15、18、19、22、25	1、2、7、10、13、17、18、19、22、24、25	4、6、7、13、16、18、19、21、22、25、26		

备注:3(9月15日—11月15日)8(10月5日—2021年3月15日)、9(10月7日—12月7日)、14(9月10、12日—12月12日)、20(9月15、17日—11月15日)

三、先进性及创新性

1.降低了设备故障率,提高了设备开机率,增加了设备有效生产时间。

2.通过该检修法的运用能够培养一支具有较强责任心,熟知设备结构、性能、原理,检修业务素质熟练的员工队伍。

四、成果运行效益

经济效益:在111801综采工作面经过半年的尝试得到了显著的效果,使用张存军"TPMP"检修法,设备开机率提高到95%以上,较之前设备故障率下降80%左右,中夜班应急抢修显著减少,每月可以多割50刀煤,按照一刀煤900吨计算,每月多出煤4.5万吨,创造效益1 200万元。

五、应用效果评价

张存军"TPMP"检修法经现场使用,显著提高了生产效率,已在梅花井煤矿其他区队推广使用。

"3+1大于4"班组管理创新法

（综采一队）

一、成果简介

"3+1大于4"班组管理创新法就是在中夜班倒班期间为了不出现空班、不连班情况，从各班组抽调人员组成临时应急班，顶替紧倒班的班组管理创新方法，能有效缓解员工紧倒班出勤紧张的难题，消除了员工疲劳作业潜在的各种危险因素，确保了现场安全生产，产生了"3+1大于4"的综合效益。

二、成果内容

1.成果背景

前期综采一队在两个生产班组在中、夜班倒班期间，为了保障正常生产，经常在倒班期间会出现空班、连班的情况，不仅影响产量而且长期打疲劳战无法保证员工正常休息，给安全带来了极大的隐患，对员工身心健康产生较大影响。

2.创新思路

面对这一问题，综采一队及时召开队委会研究对策，经大家商议讨论最终决定在不影响其他三班正常生产的前提下，在各班组临时抽调4名员工在倒班期间组成倒班应急班，指派副队长、班组长跟带班，顶替紧倒班进行正常生产。

3.关键技术

合理优化班组管理，实现科学管理，达到高产高效。

三、先进性及创新性

1.解决了员工紧倒班休息不好，打疲劳战，无法保证现场安全的难题，避免了安全事故发生，取得一定的社会效益。

2.各班组员工集中到一起，促进相互交流沟通，彼此消除了隔阂，促进了班组间大团结、大融合，起到了"3+1大于4"的效果。

3.进一步优化全队劳动组织，使每名班组工多休息一天，提高班组员工幸福感、获得感和安全感。

四、成果运行效益

通过成立应急班顶替紧倒班生产的方法不仅克服了紧倒班期间出现空班，按照每月两次空班16刀煤计算，全年下来将近多生产19.2万吨原煤生产，创效6000万元，生产效益明显。

五、应用效果评价

"3+1大于4"组管理创新法是在不增加班组员工出勤情况下,科学配置班组人力资源的一种方法,有效解决了员工连班、打疲劳战,空班等一系列问题,实现了工效最大化,是班组内部实现市场化管理有效途径。经过实践,取得非常好的效果,受到了班组员工一致称赞,已在梅花井煤矿其他区队推广应用。